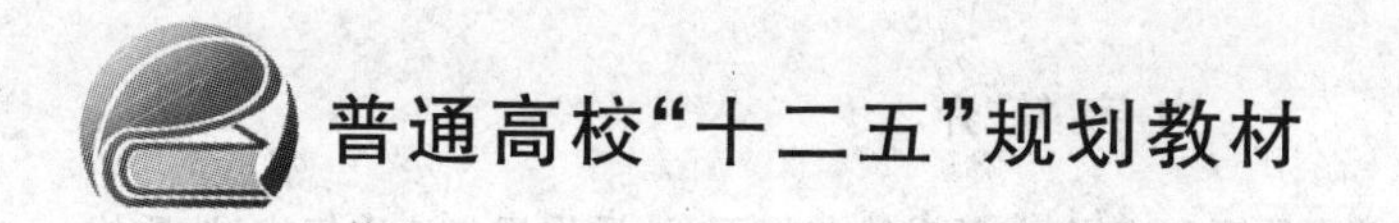

工程地质学

冯锦艳　姚仰平　陈　军　郭志培　编著

北京航空航天大学出版社

内容简介

本书系统地阐述工程地质的基本原理和应用，包括矿物与岩石、地质作用与地质年代、地质构造、河水与地下水的作用、不良工程地质问题以及勘察评价等内容，共分7章。内容系统合理，实用性强，每章均附有课后习题。

本书可作为高等学校土木工程专业和机场道路工程专业的工程地质学教材，也适用于参加全国土木工程、岩土工程以及环境评价工程资格考试的读者。

图书在版编目(CIP)数据

工程地质学 / 冯锦艳等编著. -- 北京 ：北京航空航天大学出版社，2015.12

ISBN 978-7-5124-1978-0

Ⅰ. ①工… Ⅱ. ①冯… Ⅲ. ①工程地质—高等学校—教材 Ⅳ. ①P642

中国版本图书馆CIP数据核字(2015)第300907号

工程地质学

冯锦艳　姚仰平　陈　军　郭志培　编著

责任编辑　杨　昕

*

北京航空航天大学出版社出版发行

北京市海淀区学院路37号(邮编100191)　http://www.buaapress.com.cn

发行部电话：(010)82317024　传真：(010)82328026

读者信箱：emsbook@buaacm.com.cn　邮购电话：(010)82316936

北京泽宇印刷印刷有限公司印装　各地书店经销

*

开本：710×1 000　1/16　印张：10.25　字数：218千字

2015年12月第1版　2015年12月第1次印刷　印数：2 000册

ISBN 978-7-5124-1978-0　定价：29.00元

前　言

工程地质学是地质工程和土木工程的基础课，也是环境工程、水利工程、道路工程、机场工程的重要必修课，对工程选址具有决定性的作用。几十年来，随着国内外土木工程的飞速发展，工程地质学也得到了飞速发展，取得了丰富的实践经验和显著的理论成果，为本教材的编写提供了丰富的材料。

本书共7章，可分为三大部分，第一部分（第1～4章）主要介绍矿物、岩石、各种地质构造对工程的影响，以及地质图的阅读方法；第二部分（第5章和第6章）主要介绍各种地质灾害对工程建筑的影响，包括水的作用、风化作用、滑坡与崩塌、泥石流、岩溶、地震；第三部分（第7章）介绍工程地质勘察流程、常用工程的勘察步骤，以及工程地质信息技术。

本书由北京航空航天大学冯锦艳、姚仰平、陈军、郭志培编著，第1～3章由冯锦艳执笔，第5、6章由姚仰平执笔，第4、7章由陈军执笔，图表部分由郭志培完成，内容由罗汀主审。作者衷心感谢国家青年自然科学基金（41302273）以及“973”课题（2014CB047006）对本教材的支持，同时感谢对本书提出宝贵意见的兄弟院校的教师和学生。

限于作者水平，书中如有错误和不妥之处，恳请读者批评指正。

作　者

2015年10月

目录

第1章 绪论

地质学是地球科学的一个重要组成部分，到20世纪80年代已发展成为包括两大类分支学科的理论体系。一类是探讨基本原理的基础学科，如岩石学、矿床地质学、动力地质学、构造地质学、地貌学等；另一类是由基础学科与其他学科形成的交叉学科，如地球物理学、地质力学、水文地质学、地质年代学、工程地质学、生态地质学、灾害地质学等。工程地质学作为地质学的一个分支，主要研究与人类工程建筑活动有关的地质问题。

我国是文明古国，早在春秋时期就修建了许多大型工程。例如：始建于公元前722年，自河南省荥阳引黄入淮的鸿沟；始建于公元前506年，江苏高淳县的沟通太湖与长江的伍堰；始建于公元前485年，大运河江苏境内的仪征至淮安段等。这都说明古代人民不但具有高超的建筑技巧，而且对建筑场地的工程地质环境也已有所了解。

第一次世界大战结束后，整个世界开始了大规模的建设时期。1929年，奥地利的K·太沙基出版了世界上第一部《工程地质学》。19世纪30年代，原苏联地质学家提出了完整、系统的工程地质学和理论体系。1935年，Φ·Π·萨瓦连斯基(1881—1946年)在苏联莫斯科地质勘探学院创建了工程地质与水文地质研究室，并先后出版了《水文地质学》(1933年)、《工程地质学》(1937年)，标志着工程地质学的诞生。Φ·Π·萨瓦连斯基提出并发展了工程地质学中的自然历史观点。1939年，R. F. Legget编写了《地质与工程》一书，1983年又出版了巨著《土木工程的地质学手册》。奥地利人J. Stini和L. Müller最早认识到岩体结构面的影响，于1951年创办了《地质与土木工程》期刊。

我国的工程地质学是在新中国成立后才发展起来的。20世纪50年代初，由于国防、经济建设的需要，地质部成立了地质局和相应的研究机构，并在地质院校中设置了水文地质专业，培养专门人才。当时的一些重大工程，如三门峡水库、武汉长江大桥、新安江水电站等,促进了我国工程地质学的快速发展,以及一些新的工程地质思想和理论的形成与建立。谷德振先生在岩体稳定性问题上提出了结构控制论,并出版了《岩体工程地质力学基础》一书。刘国昌先生从区域工程地质条件出发,指出了区域稳定性的研究方向,出版了《中国区域工程地质学》一书。胡海涛先生继承和发展了李四光先生的地质力学理论,结合大型工程选址,坚持在活动区寻找相对稳定的"安全岛"思想,并出版了《广东核电站规划选址区域稳定性分析与评价》一书。近年来,我国工程地质学快速发展,研究水平与世界同步,并具有了自己的研究特色,如黄润秋 2014 年主持完成了《汶川地震地质灾害评价与防治》,指出了以"发震断层效应"、"地形地貌效应"为主导的地震地质灾害发育分布规律。

人类的活动与工程地质环境密切相关,不良的行为会造成地质环境的大规模破坏,如水库蓄水可诱发地震,地下水过度开采会引起城市地面沉降等。人类活动对地质环境的影响已达到与一定的自然地质作用相当的程度,在某些地区,这种影响甚至远远超过了一般的地质作用。由此出现了环境工程地质问题,即由人类工程经济活动引起的大规模的、广泛而严重的危害工程地质环境及其区域内工程设施和人民生命财产安全的地质问题。我国著名工程地质学家王思敬院士认为"环境地质学就研究对象和理论基础而言,是工程地质学新发展的学科分支,它的新颖之点在于强调人类工程活动对环境的影响及作用",并出版了《人类工程活动与地质环境的相互作用》一书。随着环境工程地质问题日趋增多,影响范围越来越广,我国出台了环境影响评价工程师注册考试。环境影响评价工程师的工作就是对所有建设和规划的环境进行影响评价。

工程地质学的研究目的,在于查明建设地区或建筑场地的工程地质条件;分析并预测可能存在的工程地质问题及其对建筑物、地质环境的影响;提出防治不良地质现象的措施,为保证工程建设的合理规划、施工及正常使用提供可靠的地质科学依据。随着经济建设的发展,大规模基础工程设施不断修建,如高等级公路、海港码头、桥梁、海底隧道、山区支线机场、改扩建机场以及众多拔地而起的高层建筑,都为工程地质工作者提出了许多新的研究课题。这就迫切需要发展新理论、新方法、新技术,从而推动工程地质学科进一步发展。

本书是结合航空特色、专为土木工程专业和机场道路工程专业所编写的,是非地质专业人才必须具备的工程地质学知识读本。本书内容广泛,重点突出,注重与实践的联系,实现了与土力学、岩石力学、基础工程、施工技术等相关课程的系统化。本书的内容包括:矿物与岩石、地质作用与地质年代、地质构造、地表水与地下水、常见的地质灾害、工程地质勘察等内容。通过学习,可以对工程地质勘察的任务、内容和方法有较全面的了解,能够进行对一般工程地质问题的分析,可以评价人类工程活动对地质环境的影响,并提出相应的对策和治理措施。

第 2 章

矿物与岩石

2.1 地球圈层

地球是围绕太阳转动的一颗行星，是一个旋转的椭球体，地球赤道半径为 6 378.160 km，两极半径为 6 356.755 km。研究发现，地球由不同状态的物质圈层组成，内部圈层分为地壳、地幔和地核（见图 2－1），外部圈层分为生物圈、水圈和大气圈。

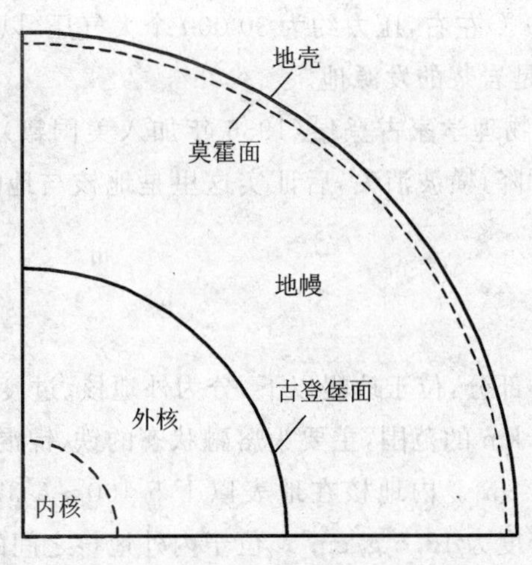

图 2－1 地球内部构造示意图

2.1.1 地 壳

地壳是地球表面极薄的一层硬壳，薄厚不均，整个地壳的平均厚度约为 17 km。大陆地壳厚度较大，可达 15～80 km，平均厚度约为 33 km，青藏高原是地壳最厚的

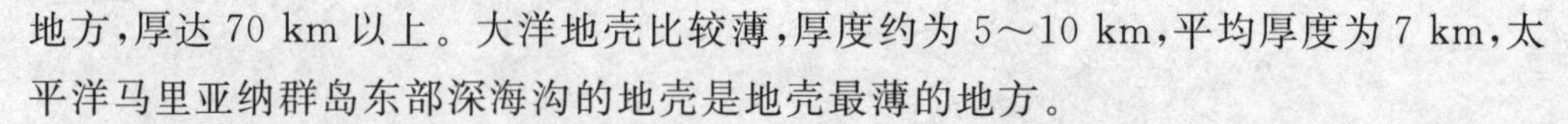

地方，厚达 70 km 以上。大洋地壳比较薄，厚度约为 5～10 km，平均厚度为 7 km，太平洋马里亚纳群岛东部深海沟的地壳是地壳最薄的地方。

地壳的平均密度约为 2.8 g/cm³，双层结构：上层为硅铝层，又称花岗岩层，富含硅、铝，密度约为 2.7 g/cm³；下层为硅镁层，又称玄武岩层，富含硅、镁，密度约为 2.9 g/cm³。硅铝层在海洋底部很薄，尤其是大洋盆底地区，在太平洋中部甚至缺失，是不连续圈层。硅镁层在大陆和海洋均有分布，是连续圈层，两层以康拉德不连续面隔开。

南斯拉夫地震学家莫霍洛维奇于 1909 年的一次地震时发现，某些地震波到达观测站比预计的快，在地壳下表面附近，纵波的速度从 7.0 km/s 突然增加到 8.1 km/s，横波的速度也从 4.2 km/s 突然增至 4.4 km/s。这是因为在地壳与地幔之间存在分界面，这个分界面以莫霍洛维奇的名字命名为莫霍(Moho)面。

2.1.2 地 幔

地幔是自莫霍面以下至深度约 2 900 km 的范围，约占地球体积的 83.3%。根据地震波的变化情况，地幔分为上下两层。上地幔深度为 33～980 km，主要为橄榄质的超基性岩；下地幔深度为 980～2 900 km，主要为硅酸盐、金属氧化物和硫化物，密度约为 5.1 g/cm³。

岩石圈包括地壳和上地幔顶部，其下为软流圈。软流圈位于上地幔的上部，据推测，软流圈温度为 1 300 ℃左右，压力约为 30 000 个大气压，以半粘性状态缓慢流动，故称软流圈，它很可能是岩浆的发源地。

1914 年，德国地球物理学家古登堡(1936 年加入美国籍)发现地下约 2 900 km 处的地震波纵波速度下降，横波消失，后证实这里是地核与地幔的分界面，此界面被称为古登堡面。

2.1.3 地 核

地核是地球的核心部分，位于地幔以下，分为外地核、过渡层、内地核。外地核为地表以下 2 900～4 700 km 的范围，主要为熔融状态的铁、镍混合物及少量的 Si、S 等轻元素，密度约为 10 g/cm³。内地核在地表以下 5 100～6 371 km 的范围，主要为铁、镍等重金属，平均密度为 12.5 g/cm³。位于内外地核之间的过渡层厚约 400 km，物质从液态过渡到固态。

2.1.4 地球结构的信息统计

表 2-1 对地球结构的信息进行了统计。

表2-1 地球结构信息统计表

地球圈层名称				深度/km	地震纵波速度/$(km \cdot s^{-1})$	地震横波速度/$(km \cdot s^{-1})$	密度/$(g \cdot cm^{-3})$	物质状态
一级分层	二级分层		传统分层					
外　球	地　壳		地　壳	0～33	5.6～7.0	3.4～4.2	2.6～2.9	固态物质
	外过渡层	外过渡层（上）	上地幔	33～980	8.1～10.1	4.4～5.4	3.2～3.6	部分熔融物质
		外过渡层（下）	下地幔	980～2 900	12.8～13.5	6.9～7.2	5.1～5.6	液态—固态物质
液态层	液态层		外地核	2 900～4 700	8.0～8.2	不能通过	10.0～11.4	液态物质
内　球	内过渡层		过渡层	4 700～5 100	9.5～10.3		12.3	液态—固态物质
	地　核		内地核	5 100～6 371	10.9～11.2		12.5	固态物质

2.2 造岩矿物

地壳中的化学元素除少数呈单质存在外，绝大多数以化合物的形式存在，这些具有一定化学成分和物理性质的自然元素以及化合物统称为矿物。由一种或多种矿物以一定规律组成的自然集合体称为岩石，构成岩石的矿物称为造岩矿物。

目前，人类已发现的造岩矿物有3 000多种，绝大多数以固态存在，常见的造岩矿物有20多种，如正长石、斜长石、黑云母、白云母、辉石、角闪石、绿泥石、滑石、高岭石、石英、白云石、黄铁矿、磁铁矿等。

2.2.1 矿物的分类

自然界中的矿物，都是在一定的地质环境中存在的，随各种地质作用不断发生变化。当外界条件改变到一定程度后，矿物原来的成分、内部构造和性质就会发生变化，形成次生矿物。因此，按矿物的形成可将造岩矿物分为原生矿物和次生矿物两种。

① 原生矿物：由岩浆侵入地壳或喷出地表后冷凝而成的矿物，如石英、长石类、云母类、辉石、角闪石、方解石、磁铁矿、黄铁矿等。

② 次生矿物：通常由原生矿物发生化学变化生成的新矿物，其化学组成和构造经过改变已不同于原生矿物，如蛇纹石、高岭石、铝矾等。

2.2.2 粘土矿物

粘土矿物是指具有片状或链状结晶格架的硅铝酸盐，属于次生矿物。粘土矿物主要包括高岭石组、伊利石组、蒙脱石组三个组群，其内部结晶的最基本单元称为晶片。这三类粘土矿物由两种晶片组成，即铝氢氧晶片和硅氧晶片，晶片以不同的方式进行排列，形成晶胞。

高岭石组群矿物形成的粘粒较粗大，甚至可以形成粉粒，晶形一般为拉长的六边形。蒙脱石组群矿物的晶格具有吸水膨胀性能，联结力较弱，可以形成细小的鳞片状颗粒，晶体呈不规则圆形。伊利石组群矿物的晶胞层间由钾离子联结，联结力较蒙脱石组群强，较高岭石组群弱，所以形成的片状颗粒尺寸介于蒙脱石组群和高岭石组群之间。

粘土矿物具有可塑性、耐火性和烧结性，是陶瓷、耐火材料、水泥等工业的重要天然原料。

2.2.3 矿物的形态

1. 单体形态

固体矿物根据内部质点(原子、离子、分子)是否在空间三维呈周期性的规则排列，分为晶质矿物和非晶质矿物。造岩矿物绝大多数是晶质矿物。晶质矿物的内部质点排列规则，在适宜的生长条件下，晶体具有一定的内部结构、构造和几何外形，如NaCl在三维空间呈立方格子状构造，其几何外形就是立方体。不同晶质的矿物，因内部结构不同，晶体的几何形态也不同，如方解石多为菱面体，云母则为片状，黄铁矿因生长条件不同可呈立方体或五角十二面体等。

在相同条件下生长的同种晶粒，总是趋向于形成某种特定的晶形，这种现象被称为结晶习性。根据晶体在三维空间的发育程度，可分为以下三类：

① 一向延长：晶体沿一个方向特别发育，其余两个方向发育较差，呈柱状、针状、纤维状等，如角闪石、辉石、电气石等。

② 二向延长：晶体沿两个方向发育，呈板状、片状、鳞片状等，如云母、绿泥石等。

③ 三向等长：晶体在三维空间发育，呈等轴状、粒状等，如石榴子石、橄榄石等。

非晶质矿物内部质点排列无规律、杂乱无章，因而没有一定的几何外形，如蛋白石、玛瑙、火山玻璃等矿物。

2. 集合体形态

在自然界，晶质矿物很少以单体出现，而非晶质矿物又没有规则的单体形态，所以常按集合体的形态来识别矿物。同种矿物的多个单体聚集在一起形成的整体就是集合体，其形态取决于单体的形态和集合方式。集合体按矿物结晶粒度大小可分为肉眼可见的显晶质矿物集合体，肉眼不能辨认的隐晶质或非晶质矿物集合体。常见的矿物集合形态有以下几种：

① 晶簇：在同一基底上生长出许多同类矿物的晶体群，如水晶簇、方解石晶簇等。

② 纤维状:由许多针状、柱状或毛发状的同种单体矿物平行排列成纤维状,如石棉、纤维石膏等。

③ 粒状:大小相近,不按一定规律排列的晶体,聚合在一起形成粒状集合体,依颗粒大小可以分粗粒状、中粒状和细粒状。

④ 钟乳状:钙质溶液或胶体,它是在岩石的孔洞或裂隙中,因水分蒸发,从同一基底向外逐层生长而成的圆锥形或圆柱形集合体。常见于石灰岩溶洞中,由洞顶向下生长形成下垂的钟乳体称为石钟乳;由下向上逐渐生长的称为石笋;石钟乳和石笋相互连接时,形成石柱。

⑤ 鲕状:胶体物质围绕着某质点凝聚而成一个结核,一个个细小的结核聚合成集合体,形似鱼卵,如鲕状赤铁矿。结核颗粒大小如豆者称为豆状;形似肾状者称为肾状集合体,如肾状赤铁矿、肾状硬锰矿等。

⑥ 土状:呈疏松粉末状聚集而成的集合体,如高岭土。

⑦ 块状:矿物细小紧密集合在一起,无一定排列形式,如蛋白石、块状石英等。

2.2.4 矿物的物理性质

1. 颜 色

颜色是矿物对不同波长的可见光波吸收和反射程度的反映,分为自色、他色和假色。

① 自色,是矿物固有的颜色。例如:黄铁矿是铜黄色,方解石是白色,橄榄石是橄榄绿色。

② 他色,当矿物中混有杂质时呈现的颜色,与矿物本身的性质无关,对鉴定矿物意义不大。例如纯石英是无色透明的,当含有不同杂质时可以呈现乳白色、紫红色、绿色等多种颜色。

③ 假色,是矿物内部裂隙或表面氧化膜对光折射、散射形成的颜色。例如方解石节理面上常出现的彩虹就是假色。

2. 条 痕

矿物在白色无釉的瓷板上划擦时留下的粉末颜色,称为条痕。条痕可以消除假色,减弱他色,对鉴定深色矿物具有重要的意义。有一些矿物的条痕与矿物的颜色是不同的,如黄铁矿为铜黄色,而条痕是绿黑色;赤铁矿有红色、钢灰色、铁黑色等多种颜色,但条痕总是樱红色。

3. 光 泽

光泽是指矿物表面反射光线的能力,根据矿物平滑表面反射光的强弱,可分为:

① 金属光泽,如方铅矿、黄铁矿。

② 半金属光泽,如磁铁矿。

③ 非金属光泽，如冰洲石。造岩矿物的光泽绝大多数属于非金属光泽，由于矿物表面的性质或矿物集合体的集合方式不同，非金属光泽又会反映为各种不同特征的光泽：

- 玻璃光泽——反光如镜，如长石、方解石解理面上的光泽。
- 油脂光泽——由于矿物表面不平，致使光线散射，如石英断口上的光泽。
- 珍珠光泽——光线在解理面发生多次折射和内反射，在解理面上呈现的像珍珠一样的光泽，如白云母薄片的光泽。
- 丝绢光泽——由于光的反射互相干扰形成的丝绢般的光泽，多出现在纤维状或细鳞片状矿物中，如纤维石膏和绢云母的光泽。
- 土状光泽——矿物表面暗淡如土，如高岭石、铝土矿等的光泽。
- 蜡状光泽——像石蜡表面呈现的光泽，如蛇纹石、滑石等致密块体矿物表面的光泽。

4. 透明度

透明度是指矿物透过可见光的程度，取决于矿物的化学性质和晶体结构，也受矿物厚度的影响，因此观察时需使矿物样本具有相同的厚度。根据矿物的透明程度，可将其划分为以下三类：

① 透明矿物。绝大部分光线可以透过矿物，因而隔着矿物的薄片可以清楚地看到对面的物体，如无色水晶、冰洲石（透明的方解石）等。

② 半透明矿物。光线可以部分透过矿物，因而隔着矿物薄片可以模糊地看到对面的物体，如滑石等。

③ 不透明矿物。光线几乎不能透过矿物，如黄铁矿、磁铁矿、石墨等。

5. 硬　度

硬度是矿物抵抗外力刻划、研磨的能力。由于矿物的化学成分和内部结构不同，矿物的硬度也不同。硬度是矿物鉴定的一个重要依据，一般采用两种矿物对刻的方法来确定矿物的相对硬度。硬度对比的标准由10种不同硬度的矿物组成，称为摩氏硬度计（见表2-2）。

表2-2　摩氏硬度计

硬度/(°)	1	2	3	4	5	6	7	8	9	10
矿　物	滑石	石膏	方解石	萤石	磷灰石	正长石	石英	黄玉	刚玉	金刚石

摩氏硬度只反映矿物硬度的相对顺序，而不是绝对等级。在测定某矿物的相对硬度时，如可被方解石刻划，但不能被石膏刻划，则该矿物的相对硬度在2°～3°之间，可定义为2.5°。常见的造岩矿物摩氏硬度大部分在2°～6.5°，大于6.5°的只有石英、橄榄石、石榴子石等少数几种。为了方便鉴定矿物的相对硬度，还可以用指甲（2°～2.5°）、小铁刀（3°～3.5°）、小钢刀（6°～6.5°）、玻璃（5°～5.5°）鉴定矿物的相对硬度。

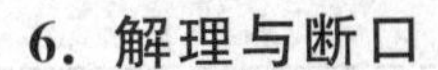

6. 解理与断口

晶质矿物受打击后，能沿一定方向裂开成光滑平面的性质称为解理，光滑平面称为解理面。矿物受打击后，沿任意方向发生不规则破裂，其凹凸不平的断面（贝壳状、锯齿状）称为断口。

晶质矿物之所以能产生解理，是由于内部质点规则排列，解理常平行于一定的晶面发生。不同矿物其解理面的数目不同，有一个方向的解理，如云母；有两个方向的解理，如长石；有三个方向的解理，如方解石；有四个方向的解理，如萤石。根据解理面的完全程度，解理可分为以下四类：

① 极完全解理，极易裂开呈薄片，解理面大而完整，平滑光亮，这种矿物不出现断口，如云母等。

② 完全解理，解理面平滑，矿物易分裂成薄板状或小块，如方解石等。

③ 中等解理，解理面不是很平滑，如角闪石等。

④ 不完全解理，解理面基本不出现，常出现断口，如石英、磷灰石等。

矿物解理的完全程度和断口是相互消长的，解理完全时不出现断口；解理不完全或无解理时，断口明显。如不具解理的石英，只呈现贝壳状断口；自然铜为锯齿状断口；黄铁矿为参差状断口。

解理是造岩矿物的另一个鉴定特征，矿物解理的发育程度，对岩石的力学强度具有重要的影响。此外，如滑石的滑腻感，方解石遇盐酸起泡等，都可作为鉴别矿物的特征。

2.2.5 常见的造岩矿物

表2-3给出了常见造岩矿物的主要特征。

表2-3 常见造岩矿物的主要特征

矿物	化学成分	形状	颜色	条痕	光泽	硬度/(°)	解理与断口	相对密度	主要鉴定特征	样本
石英	SiO_2	六方棱柱、粒状、晶簇状	无色、乳白色、其他色	无	玻璃、油脂	7	贝壳状断口	2.6	形状、硬度、晶体柱面有横条纹	
正长石	$KAlSi_3O_8$	短柱状、板状、	肉红色	无	玻璃	6	二向中等解理正交	2.6	解理、颜色、有时可见卡氏双晶	
斜长石	$(Na,Ca)[AlSi_3O_8]$	柱状、板状、	白色、灰白色	白	玻璃	6	二向中等解理斜交(86°)	2.7～3.1	颜色、解理面上有细条纹、有聚片双晶	

续表 2-3

矿物	化学成分	形状	颜色	条痕	光泽	硬度/(°)	解理与断口	相对密度	主要鉴定特征	样本
白云母	$KAl_2[AlSiO_{10}]$ $(OH,F)_2$	鳞片状、 片状	无色	无	玻璃、 珍珠	2～3	一向完全解理	3.0～3.2	解理、 薄片有弹性	
黑云母	$K(Mg,Fe)_3$ $(AlSi_3O_{10})$ $(OH,F)_2$	鳞片状、 片状	黑色、 棕黑	无	玻璃、 珍珠	2～3	一向完全解理	2.7～3.1	解理、 颜色、 薄片有弹性	
角闪石	$(Ca,Na)_{2-3}$ $(Mg,Fe,Al)_5$ $[Si_6(Si,Al)_2O_{22}]$ $(OH,F)_2$	长柱状	绿黑色	淡绿	玻璃	6	二向中等(86°)， 锯齿状断口	3.1～3.6	形状、 颜色、 晶体横断面近 八边形	
辉石	(Ca,Mg,Fe,Al) $[(Si,Al)_2O_6]$	短柱状	黑绿色	灰绿	玻璃	5～6	二向中等 解理(86°)， 平坦状断口	3.3～3.6	形状、 颜色、 晶体横断面 近八边形	
橄榄石	$(Mg,Fe)_2SiO_4$	粒状	橄榄绿	无	玻璃	6～7	贝壳状断口	3.3～3.5	颜色、 硬度、 不与石英共生	
方解石	$CaCO_3$	菱面体、 粒状	无色	无	玻璃	3	三向完全解理	2.7	解理、 硬度、 滴盐酸起泡	
白云石	$CaCO_3 \cdot MgCO_3$	块状、 粒状	白色、 灰色、 褐色	白	玻璃	3～4	三向完全解理	2.8～2.9	解理、 硬度、 晶面弯曲、 滴盐酸起泡	
石膏	$CaSO_4 \cdot 2H_2O$	板状、 纤维状	白色	白	丝绢	2	三向解理， 一组完全	2.3	解理、 硬度、 具挠性	
高岭石	$Al_4[Si_4O_{10}]$ $(OH)_8$	土状、 块状	白色、 黄色	白	土状	1	一向解理， 土状断口	2.5～2.6	性软、 有吸水性、 有可塑性	

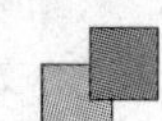

续表 2-3

矿物	化学成分	形状	颜色	条痕	光泽	硬度/(°)	解理与断口	相对密度	主要鉴定特征	样本
滑石	$Mg_3[Si_4O_{10}](OH)_2$	片状、块状	白色、黄色、绿色	白、绿	油脂	1	一向中等解理	2.7～2.8	颜色、硬度、具滑感	
绿泥石	$(Mg,Al,Fe)_{12}[(Si,Al)_8O_{20}](OH)_2$	片状、鳞片状	绿色	无	油脂、丝绢	2～3	一向完全解理	2.8	颜色、薄片、无弹性有挠曲	
蛇纹石	$Mg_6[Si_4O_{10}](OH)_8$	板状、纤维状	浅绿、深绿	白	油脂	3～4	一组中等解理	2.5～2.7	颜色、光泽、具滑感	
石榴子石	$(Ca,Mg)(Al,Fe)[SiO_4]_3$	菱形十二面体、四角三八面体、粒状	褐色、棕红色、绿黑色	无色	油脂、丝绢	6.5～7.5	无解理、不规则断口	3.1～3.2	形状、颜色、硬度	
黄铁矿	FeS_2	立方体、粒状	铜黄色	黑绿	金属	6～6.5	参差状断口	4.9～5.2	形状、颜色、光泽、晶面有条纹	

2.3 岩浆岩

岩石是矿物的集合体，是各种地质作用的产物，是构成岩石圈的基本物质。由一种矿物组成的岩石称为单矿岩，如方解石组成的大理岩；由两种及两种以上的矿物组成的岩石称为复矿岩，如由石英、长石等矿物组成的花岗岩。

岩石的主要特征包括矿物成分、结构和构造三个方面。

岩石的结构，是指组成岩石的矿物结晶程度、大小、形态以及晶粒之间或晶粒与玻璃质之间的排列关系，有等粒状、斑状、似斑状等。

岩石的构造，是指岩石中不同矿物集合体之间、岩石的各个组成部分之间或矿物集合体与岩石其他组成部分之间的相互关系。也有人认为，岩石的构造应是组成岩石的矿物集合体的形状、大小和空间的相互关系及充填方式，即这些矿物集合体组合的几何特征，如片麻构造、块状构造、流纹构造、气孔状构造等。岩石的构造可以反映岩石的外貌特征。

组成地壳的岩石按成因分为岩浆岩、沉积岩、变质岩。岩浆岩又称火成岩，占地壳总质量的95%,具有十分重要的作用。

2.3.1 岩浆岩的形成

岩浆是形成于地壳深部或上地幔,以硅酸盐为主要成分,炽热粘稠、富含挥发物质的熔融体。熔融状态的岩浆冷凝固结后形成岩浆岩,又称火成岩。依据岩浆岩的不同地质环境,可将其分为喷出岩和侵入岩。

(1) 喷出岩

喷出岩,又称火山岩,是由火山喷出地表的岩浆冷凝而成的岩石。在地表条件下,因温度迅速降低,矿物来不及结晶或结晶较差,肉眼不易看清,质地疏松多孔。

(2) 侵入岩

侵入岩,岩浆在向上运移过程中,在地壳上部不同深度发生一系列的物理化学作用,使岩浆逐渐冷凝结晶,形成的固态岩浆岩称为侵入岩,该过程称为侵入作用。根据岩浆侵入活动的相对深度,又可分为深成侵入作用和浅成侵入作用,分别形成深成侵入岩和浅成侵入岩。

① 深成岩,岩浆在地下深处(>3 000 m)缓慢冷却、凝固而生成的全晶质粗粒岩石,如花岗岩、闪长岩、辉长岩等。

② 浅成岩,又称半深成岩,介于深成岩与喷出岩之间,多具细粒、隐晶质及斑状结构,具有比深成岩更细的结构,如苦橄玢岩、橄辉玢岩、云母橄榄岩等。

2.3.2 岩浆岩的产状

岩浆岩的产状是指岩浆岩的形状、大小、深度以及与围岩的关系。由于岩浆岩形成的条件和所处的环境不同,其产状多种多样,常见的产状有如下几种(见图2-2):

① 火山锥,是火山喷出物在喷出口周围堆积而成的山丘。按组成物质可分为火山碎屑物构成的渣锥、熔岩构成的熔岩锥(熔岩丘)、碎屑物与熔岩混合构成的混合锥。按形态可分为盾形火山锥、穹形火山锥、钟状火山锥等。圆锥状的火山锥是标准的火山锥形状,如马荣火山是菲律宾最大的活火山,呈圆锥形,被誉为"世界上最完美的火山锥"。

② 熔岩流,呈液态在地表流动的熔岩。

③ 熔岩被,又称熔岩席,是在地表呈面状分布的火山岩。

④ 火山口,是指火山喷出物在喷出口周围堆积在地面上形成的环形坑,一般位于火山锥顶端,常呈漏斗状或碗状。

⑤ 岩盘,又称岩盖,岩浆顺裂隙上升,侵入岩层中,形成一个上凸下平的似透镜状岩体,底部通过颈体和更大的侵入体连通,直径可达几千米。

⑥ 岩床,也称岩席,是一种厚薄比较均匀、近似水平产状的整合板状侵入体,与围岩的接触面比较平坦。岩床厚度相差较大,大的岩床厚几千米,小的岩床厚度只有几十厘米。

⑦ 岩墙，形态比较规则、近似直立的岩浆侵入体。如果形态不规则，又常称为岩脉。岩墙的长度一般为宽度的几十倍甚至几百倍，世界著名的津巴布韦大岩墙(脉)，长达500多公里。

⑧ 岩盆，岩浆顺裂隙上升，侵入岩层中，形成顶部平整、中间下凹的岩体，形似盆状，下部有岩浆通道。岩盆规模一般较大，面积可达几万平方公里，世界上最大的岩盆是美国明尼苏达州的德鲁斯岩盆，出露面积4×10^4 km^2。中国四川攀枝花的辉长岩体，也被认为是岩盆。

⑨ 岩株，与围岩接触较陡，在深部与岩基相连，面积常为几平方公里或几十平方公里，比岩基小。岩株周围伸出的枝状侵入体，称为岩枝；若形态不规则，则称为岩瘤。

⑩ 捕虏体，岩浆侵入过程中所捕获的围岩碎块。

⑪ 岩基，是规模巨大的侵入体，平面上常为椭圆形，主要由全晶质粗粒花岗岩构成，面积大于1×10^6 km^2，最大可达数万平方公里。

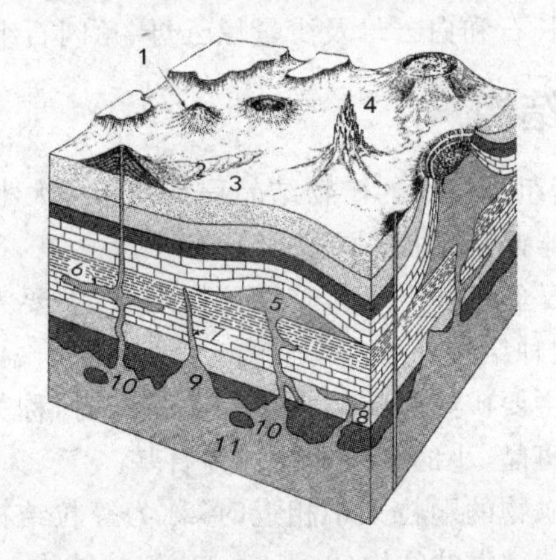

1—火山锥；2—熔岩流；3—熔岩被；4—火山口；5—岩盘；6—岩床；
7—岩墙；8—岩盆；9—岩株；10—捕虏体；11—岩基

图2-2 岩浆岩产状示意图

2.3.3 岩浆岩的矿物组成

地壳中存在的元素在岩浆岩中几乎都有，岩浆岩的化学成分复杂，主要以SiO_2、Al_2O_3、Fe_2O_3、FeO、MgO、CaO、K_2O、Na_2O、TiO_2、H_2O等为主，其中又以SiO_2含量最高。

组成岩浆岩的矿物根据化学成分可分为暗色矿物和浅色矿物。暗色矿物是富含镁、铁的矿物，又称铁镁矿物，包括橄榄石、辉石、角闪石、黑云母等。浅色矿物是富含SiO_2、Al_2O_3的矿物，又称硅铝矿物，包括石英、钾长石、斜长石、白云母等。

依据SiO_2的含量又可将岩浆岩分为四种基本类型：超基性岩(SiO_2含量$<45\%$)、基性岩(SiO_2含量为$45\%\sim52\%$)、中性岩(SiO_2含量为$52\%\sim65\%$)、酸性岩

(SiO_2含量＞65％)。

① 超基性岩(SiO_2含量＜45％)，大多数超基性岩都是超镁铁岩，即镁铁矿物含量超过75％的暗色岩石，以不含石英为特征；深灰黑色，比重大；主要由橄榄石、辉石，以及它们的蚀变产物，如蛇纹石、滑石、绿泥石等组成。超基性岩在地球上的分布有限，出露面积不超过岩浆岩总面积的0.5％，主要是深成岩。

② 基性岩(SiO_2含量为45％～52％)，铁、镁含量高，主要矿物成分为辉石、角闪石，常含少量石英、碱性长石、黑云母、橄榄石等；深灰色，比重大。常见的基性深成岩为辉长岩；浅成岩为辉绿岩；喷出岩为玄武岩。

③ 中性岩(SiO_2含量为52％～65％)，主要由中性斜长石和角闪石组成，有时含少量石英；呈中性色→浅色，比重较大。常见的中性深成岩有闪长岩、石英闪长岩等；浅成岩有闪长玢岩、石英闪长玢岩等；喷出岩有安山岩、英安岩和粗面岩等。

④ 酸性岩(SiO_2含量＞65％)，暗色矿物含量较少；颜色多为灰白，比重小；主要由石英、钾长石、酸性斜长石和白云母及少量黑云母、角闪石组成。

2.3.4 岩浆岩的结构

岩浆岩的结构，是指组成岩石的矿物结晶程度和晶粒大小，可反映岩浆冷凝时的环境，分为全晶质结构、半晶质结构、非晶质结构。

① 全晶质结构，岩石全部由结晶的矿物颗粒组成，主要为深成岩和浅成岩的结构，部分喷出岩也具有这种结构。

当岩浆岩中同一种主要矿物颗粒的大小相差悬殊时，称为似斑状结构。晶形比较完好的粗大颗粒称为斑晶，小的结晶颗粒称为石基。

当岩浆岩中同一种矿物的颗粒大小相近时，称为等粒结构。根据粒径大小可将其分为粗粒结构(＞5 mm)、中粒结构(2～5 mm)、细粒结构(0.2～2 mm)、微粒结构(＜0.2 mm)。

② 半晶质结构，岩石由结晶的矿物颗粒和部分未结晶的玻璃质组成，主要为浅成岩的结构，有时部分喷出岩也具有这种结构。结晶的矿物如果颗粒粗大、结晶完好，称为斑状结构。

③ 非晶质结构，又称为玻璃质，岩石全部由岩浆冷凝的玻璃组成，是部分喷出岩的结构特征。

2.3.5 岩浆岩的构造

岩浆岩的构造，是指岩浆岩外表的整体特征，由矿物集合体的排列方式和充填方式决定。常见的构造有：

① 块状构造，指岩石中矿物颗粒的排列不显示方向性，呈均一分布，是侵入岩具有的构造，如花岗岩、花岗斑岩等。

② 流纹状构造，指岩浆在部分矿物已结晶的条件下继续流动，由不同颜色和拉

长的气孔条带表现出来的特征，仅出现于喷出岩中，如流纹岩。

③ 气孔状构造，指含有挥发成分的岩浆在喷溢到地表后，因压力降低气体膨胀、溢出形成的气孔，常见于基性或酸性喷出岩中，如玄武岩。

④ 杏仁状构造，喷出岩中的气孔，被后期矿物（如方解石、石英、蛇纹石等）所充填，形如杏仁，称为杏仁状构造。这种构造常见于基性或中性喷出岩中，如一些玄武岩和安山岩的构造。

2.3.6　岩浆岩的分类

自然界中的岩浆岩多种多样，根据岩浆岩的形成条件、产状、矿物成分、结构和构造可将岩浆岩分为侵入岩和喷出岩，详见表2-4。

表2-4　岩浆岩分类简表

岩石类型					酸性	中性		基性	超基性
SiO_2含量					>65%	52%~65%		45%~52%	<45%
颜色					浅（浅灰、黄、褐、红）→深（深灰、黑绿、黑）				
					正长石		斜长石		不含长石
分类		产状	构造	结构　主要矿物	石英、黑云母、角闪石	角闪石、黑云母	角闪石、辉石、黑云母	辉石、角闪石、橄榄石	橄榄石、辉石、角闪石
喷出岩		火山口、火山锥、熔岩流、熔岩被	块状、气孔、杏仁、流纹	隐晶质、玻璃质、斑状	流纹岩	粗面岩	安山岩	玄武岩	少见
喷出岩		火山口、火山锥、熔岩流、熔岩被	块状、气孔	玻璃质	浮岩、黑曜岩				少见
侵入岩	浅成岩	岩床、岩盘、岩墙	块状、气孔	等粒、似斑状、斑状	花岗斑岩	正长斑岩	闪长玢岩	辉绿岩	少见
侵入岩	深成岩	岩基、岩株	块状	等粒	花岗岩	正长岩	闪长岩	辉长岩	橄榄岩、辉岩

2.3.7　常见的岩浆岩

1. 超基性岩

① 橄榄岩，主要组成矿物为橄榄石和辉石，橄榄石占10%以上，同时富含铁、镁等矿物，是超基性岩中最常见的岩石类型。新鲜的橄榄岩呈橄榄绿色，比重大，在潮湿、温暖的环境中易风化成土壤。天然金刚石主要产于金伯利岩中，而金伯利岩由橄榄岩变化而来，因此橄榄岩是天然金刚石的基本来源。

② 金伯利岩，1887年发现于南非金伯利（Kimberley），由此得名，旧称角砾云母橄榄岩。金伯利岩常呈黑、暗绿、灰色，斑状结构，是产金刚石的最主要岩浆岩之一。

③ 辉石岩，主要矿物为辉石，含量约占90%～100%，通常还含有少量其他矿物，如橄榄石、角闪石、黑云母、铬铁矿、磁铁矿、钛铁矿等。辉石岩常呈深色，粒状结构，易蚀变为纤维状蛇纹石。

2. 基性岩

① 辉长岩，深成岩，主要矿物为斜长石和辉石，其次还有橄榄石、角闪石和黑云母；灰黑至黑色；全晶质等粒结构，块状构造；强度高，抗风化能力强，是良好的道路建筑材料。

② 辉绿岩，浅成岩，成分与辉长岩相似，但含有方解石、绿泥石等次生矿物；灰绿或黑绿色；具有特殊的辉绿结构（辉石充填于斜长石晶体格架的空隙中）；强度高。

③ 玄武岩，喷出岩，成分与辉长岩相似；隐晶质细粒或斑状结构；气孔或杏仁状构造；灰黑至黑色；致密坚硬，性脆，强度高，破碎后是高速公路沥青混凝土路面良好的粗、细集料。

3. 中性岩

① 正长岩，深成岩，主要矿物为正长石，其次为黑云母和角闪石，一般石英含量极少；全晶质等粒结构，块状构造；肉红色、浅灰或浅黄色；物理力学性质与花岗岩相似，但不如花岗岩坚硬，且易风化。

② 正长斑岩，浅成岩，组成矿物与正长岩相同；斑状结构，斑晶主要为正长石，石基比较致密；块状构造；棕灰色或浅红褐色。

③ 粗面岩，喷出岩，斑状结构，斑晶为正长石，石基多为隐晶质，具有细小孔隙，表面粗糙；浅灰、浅褐黄或淡红色。

④ 闪长岩，深成岩，主要矿物为斜长石和角闪石，其次是黑云母和辉石；全晶质等粒结构，块状构造；灰白、深灰至黑灰色；结构致密，强度高，具有较高的抗风化能力，是良好的建筑石料。

⑤ 闪长玢岩，浅成岩，斑状结构，斑晶主要为斜长石，有时为角闪石，岩石中常含有绿泥石、高岭石和方解石等次生矿物；灰色或灰绿色。

⑥ 安山岩，喷出岩，斑状结构，斑晶为斜长石；气孔状或杏仁状构造；灰色、紫色或灰紫色。

4. 酸性岩

① 花岗岩，深成岩，是大陆地壳的主要组成部分，主要组成矿物为长石、石英、黑云母、白云母等；细粒、中粒、粗粒的粒状结构或似斑状结构；块状构造；黄色带粉红色、灰白色。花岗岩常能形成发育良好、肉眼可辨的矿物颗粒，因而得名。花岗岩不

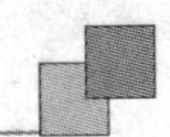

易风化，颜色美观，外观色泽可保持百年以上。由于其硬度高、耐磨损，除了用做高级建筑装饰工程、大厅地面外，还是露天雕刻的首选之材。部分地区的花岗岩会溢出一种天然放射性气体——氡。

② 花岗斑岩，浅成岩，成分与花岗岩相似；斑状结构，斑晶为长石或石英，石基多由细小的长石、石英和其他矿物组成；块状构造。

③ 流纹岩，喷出岩，成分与花岗岩类似；斑状结构，细小的斑晶常由石英或长石组成；流纹状构造；灰白、紫灰色或浅黄褐色。在流纹岩中很少出现黑云母和角闪石等深色矿物。

2.4　沉积岩

沉积岩，又称水成岩，是在地表不太深的地方，将其他岩石的风化产物和一些火山喷发物，经过搬运、沉积、成岩作用形成的岩石。沉积岩分布在地壳的表层，在陆地上的出露面积约占75%，但体积只占5%左右。

2.4.1　沉积岩的物质组成

沉积岩的组成物质主要包括以下几种：

① 碎屑物质，由先成岩石经物理风化作用产生的碎屑物质组成，其中大部分是化学性质稳定、难溶于水的原生矿物碎屑，如石英、长石、白云母等，其余部分则是岩石的碎屑。此外，还有一些其他方式生成的碎屑物质，如火山喷发产生的火山灰等。

② 粘土矿物，主要是一些由含硅铝酸盐类矿物的岩石经化学风化作用形成的次生矿物，如高岭石、蒙脱石、水云母等。这类矿物的颗粒极细（<0.005 mm），具有很强的亲水性、可塑性及膨胀性。

③ 化学沉积矿物，由化学作用或生物化学作用，从溶液中沉淀结晶产生的沉积矿物，如方解石、石膏、蛋白石、铁和锰的氧化物或氢氧化物等。

④ 生物残骸及有机质，由生物残骸或有机化学变化产生的物质，如贝壳、泥炭及其他有机质。

粘土矿物和有机质是沉积岩所特有的，是物质上区别于岩浆岩的一个重要特征。

2.4.2　沉积岩的结构

沉积岩的结构按组成物质、颗粒大小、形状等方面的特点分为碎屑结构、泥质结构、结晶结构及生物结构四种。

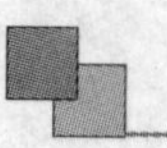

1. 碎屑结构

碎屑结构由碎屑物质被胶结物胶结而成。按照颗粒大小可分为砾状结构、砂质结构和粉砂质结构，也可按胶结物的成分进行分类，分为硅质胶结、铁质胶结、钙质胶结和泥质胶结。

(1) 按颗粒大小分

① 砾状结构，碎屑粒径大于2 mm。碎屑形成后未经搬运或搬运不远而留有棱角的，称为角砾状结构；碎屑经过搬运呈浑圆状或具有一定磨圆度的称为砾状结构。

② 砂质结构，碎屑粒径介于0.05～2 mm之间。其中介于0.5～2 mm之间的为粗粒结构，如粗粒砂岩；介于0.25～0.5 mm之间的为中粒结构，如中粒砂岩；介于0.05～0.25 mm之间的为细粒结构，如细粒砂岩。

③ 粉砂质结构，碎屑粒径介于0.005～0.05 mm之间，如粉砂岩。

(2) 按胶结物分

① 硅质胶结，由石英及其他二氧化硅胶结而成，颜色浅，强度高。

② 铁质胶结，由铁的氧化物及氢氧化物胶结而成，颜色深，呈红色，强度次于硅质胶结。

③ 钙质胶结，由方解石等碳酸钙一类的物质胶结而成，颜色浅，强度比较低，容易遭受侵蚀。

④ 泥质胶结，主要由细粒粘土矿物胶结而成，颜色不定，强度最低，容易遭受风化破坏。

2. 泥质结构

泥质结构几乎全部由粒径小于0.005 mm的粘土矿物颗粒组成，是泥岩、页岩等粘土岩的主要结构。

3. 结晶结构

结晶结构是由溶液发生化学反应生成沉淀或重新结晶所形成的结构。由沉淀生成的晶粒极细，经重结晶作用晶粒变粗，但一般粒径多小于1 mm，肉眼不易分辨。结晶结构是石灰岩、白云岩等化学岩的主要结构。

4. 生物结构

生物结构由生物遗体或碎片组成，如贝壳结构、珊瑚结构等，是生物化学岩所具有的结构。

2.4.3 沉积岩的构造

沉积岩的构造是指其组成部分的空间分布及相互间的排列关系。沉积岩最主要

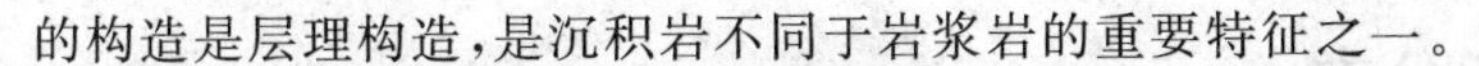

的构造是层理构造，是沉积岩不同于岩浆岩的重要特征之一。

由于季节性气候的变化，沉积环境的改变，使先后沉积的物质在颗粒大小、形状、颜色和成分上发生相应变化，从而显示出来的成层现象，称为层理构造。

由于形成层理的条件不同，层理有不同的形态，如水平层理、斜层理、交错层理等（见图 2－3）。

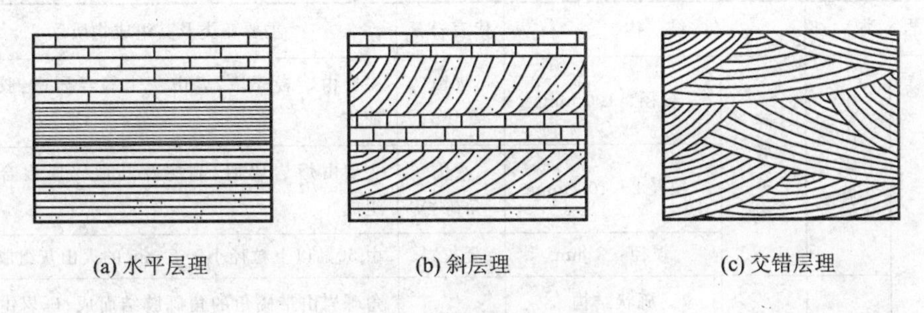

图 2－3　层理类型示意图

层间界面称为层面，在层面上有时可以看到波痕、雨痕及泥面干裂的痕迹。上下两个层面间成分基本均匀一致的岩石，称为岩层。岩层的上层面为顶面，下层面为底面，一个岩层上下层面之间的垂直距离称为岩层的厚度。按岩层单层厚度划分为巨厚层（＞1 m）、厚层（0.5～1 m）、中厚层（0.1～0.5 m）和薄层（＜0.1 m）。

沉积岩的岩层主要有五种形态，正常层（见图 2－4(a)）；夹层，大厚度岩层中所夹的薄层（见图 2－4(b)）；变薄，在短距离内岩层厚度减小（见图 2－4(c)）；尖灭，厚度变薄以至于消失（见图 2－4(d)）；透镜体，两端尖灭（见图 2－4(e)）。

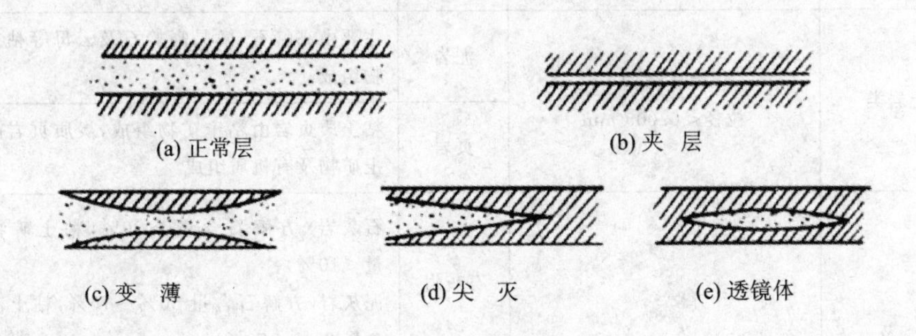

图 2－4　岩层的形态

在沉积岩中常可看到动植物的化石，它们是经石化作用保存下来的动植物遗体，如三叶虫化石、树叶化石等常沿层理面平行分布。根据化石可以推断岩石形成的地理环境以及确定岩层的地质年代。沉积岩中的化石是沉积岩不同于岩浆岩的重要特征之一。

2.4.4 沉积岩的分类

按物质特点，沉积岩一般分为碎屑岩类、粘土岩类、化学及生物化学岩类(见表 2－5)。

表 2－5 沉积岩分类简表

<table>
<tr><th colspan="2">岩 类</th><th colspan="2">结 构</th><th>代表岩石</th><th>主要亚类及其组成物质</th></tr>
<tr><td rowspan="6">碎屑岩类</td><td rowspan="3">火山碎屑岩</td><td rowspan="3">碎屑结构</td><td>粒径＞100 mm</td><td>火山集块岩</td><td>主要由熔岩碎块、火山灰尘等经压密、胶结而成</td></tr>
<tr><td>粒径 2～100 mm</td><td>火山角砾岩</td><td>主要由熔岩碎屑、晶屑及其他碎屑混合物组成</td></tr>
<tr><td>粒径＜2 mm</td><td>凝灰岩</td><td>由 50％以上粒径小于 2 mm 的火山灰组成</td></tr>
<tr><td rowspan="3">沉积碎屑岩</td><td rowspan="3">碎屑结构</td><td>砾状结构
粒径＞2 mm</td><td>砾岩</td><td>角砾岩由带棱角的角砾胶结而成；砾岩由浑圆的砾石胶结而成</td></tr>
<tr><td>砂状结构
粒径 0.05～2 mm</td><td>砂岩</td><td>石英砂岩(石英含量＞90％，长石和岩屑＜10％)；
长石砂岩(石英含量＜75％，长石＞25％，岩屑＜10％)；
岩屑砂岩(石英含量＜75％，长石＜10％，岩屑＞25％)</td></tr>
<tr><td>粉砂结构
粒径 0.005～0.05 mm</td><td>粉砂岩</td><td>主要由石英、长石的粉、粘粒等粘土矿物组成</td></tr>
<tr><td colspan="2" rowspan="2">粘土岩类</td><td colspan="2" rowspan="2">泥质结构
粒径＜0.005 mm</td><td>泥岩</td><td>主要由高岭石、微晶高岭石及云母等粘土矿物组成</td></tr>
<tr><td>页岩</td><td>粘土质页岩由粘土矿物组成，炭质页岩由粘土矿物及有机质组成</td></tr>
<tr><td colspan="2" rowspan="2">化学及生物化学岩类</td><td colspan="2" rowspan="2">结晶结构及生物结构</td><td>石灰岩</td><td>石灰岩(方解石含量＞90％，粘土矿物含量＜10％)；
泥灰岩(方解石含量 50％～75％，粘土矿物含量 25％～50％)</td></tr>
<tr><td>白云岩</td><td>白云岩(白云石含量 90％～100％，方解石含量＜10％)；
灰质白云岩(白云石含量 50％～75％，方解石含量 25％～50％)</td></tr>
</table>

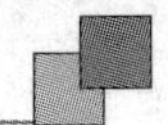

2.4.5 常见的沉积岩

1. 碎屑岩类

(1) 火山碎屑岩

火山碎屑岩，由火山喷发的碎屑物在地表经短距离搬运或就地沉积而成，在成因上具有火山喷出与沉积的双重性，是介于喷出岩和沉积岩之间的过渡类型。根据碎屑颗粒大小，火山碎屑岩又可分为：

① 火山集块岩，主要由粒径大于 100 mm 的粗火山碎屑物质组成，胶结物主要为火山灰或熔岩，有时为碳酸钙、二氧化硅或泥质物。

② 火山角砾岩，火山碎屑物占 90%以上，粒径一般为 2～100 mm，多数为熔岩角砾，呈棱角状，常为火山灰所胶结，颜色为暗灰、蓝灰、褐灰、绿色及紫色。

③ 凝灰岩，一般由粒径小于 2 mm 的火山灰及细碎屑组成，孔隙性高、重度小、易风化，颜色多呈灰色、灰白色。

(2) 沉积碎屑岩

沉积碎屑岩，又称正常碎屑岩，是由先成岩石风化剥蚀的碎屑物质经搬运、沉积、胶结而成的岩石，常见的有：

① 砾岩和角砾岩，粒径大于 2 mm 的粗大碎屑含量超过 50%，粘土含量小于 25%的碎屑岩，砾状结构。其中砾石为棱角状的称为角砾岩，岩性成分比较单一；砾石浑圆状的称为砾岩，岩性成分一般比较复杂，经常由多种岩石的碎屑和矿物颗粒组成。

② 砂岩，粒径为 0.05～2 mm 的碎屑颗粒含量超过 50%的碎屑岩，粘土含量小于 25%，具有砂质结构，为层状构造。按砂粒的矿物组成可分为石英砂岩、长石砂岩和碎屑砂岩等；按砂粒粒径可分为粗砂岩、中砂岩和细砂岩；按胶结物的成分又可分为硅质砂岩、铁质砂岩、钙质砂岩和泥质砂岩等几类。

硅质砂岩颜色浅，强度高，抵抗风化能力强；泥质砂岩一般为黄褐色，吸水性强，易软化，强度和稳定性差；铁质砂岩呈紫红色或棕红色；钙质砂岩呈白色或灰白色，强度和稳定性介于硅质和泥质砂岩之间。

砂岩分布很广，易于开采加工，是工程上广泛采用的建筑石料。

③ 粉砂岩，粒径为 0.005～0.05 mm 的粉粒含量超过 50%的碎屑岩，粘土含量小于 25%，具有粉砂质结构，薄层状构造。粉粒成分以石英为主，长石、白云母次之，胶结物以钙质、铁质为主，结构疏松，强度较低，稳定性较差。

2. 粘土岩类

① 粘土岩，较松散的土状岩石；主要矿物成分为高岭石、蒙脱石及水云母，并含有少量极细的石英、长石等；粘土颗粒含量占 50%以上，具有典型的泥质结构，质地均一，有细腻感，可塑性和吸水性很强，岩石吸水后易膨胀。

② 页岩,由松散粘土经硬结成岩作用而成,是粘土岩的一种构造变种,具有沿层理面分裂成薄片或页片的性质,常可见显微层理,称为页理,页岩因此得名。页岩成分复杂,除各种粘土矿物外,尚有少量石英、绢云母、绿泥石、长石等混合物;颜色多种多样,一般呈灰色、棕色、红色、淡黄色、绿色和黑色等;依混入物成分不同,又可分为钙质页岩、硅质页岩、铁质页岩、碳质页岩和油页岩等。除硅质页岩强度稍高外,其余页岩易风化,强度低,与水作用易软化。

③ 泥岩,成分与页岩相似,但层理不发育,常呈厚层块状构造。以高岭石为主要成分的泥岩,常为灰白色或黄白色,吸水性强,遇水后易软化。以微晶高岭石为主要成分的泥岩,为白色、玫瑰色或浅绿色,表面有滑感,可塑性小,吸水性强,吸水后体积急剧膨胀。

3. 化学及生物化学岩类

① 石灰岩,简称灰岩,矿物以方解石为主,其次为少量的白云石和粘土矿物,常呈深灰、浅灰色,纯质灰岩呈白色,以加冷稀盐酸强烈起泡为显著特征。当粘土矿物含量达到25%～50%时,称为泥灰岩;白云石含量达到25%～50%时,称为白云质灰岩。石灰岩分布相当广泛,岩性均一,易开采加工,是一种用途很广的建筑石料。

② 白云岩,主要矿物为白云石,也含有方解石和粘土矿物,结晶结构,所含杂质不同,可呈现不同的颜色,纯质白云岩为白色。白云岩的工程性质与石灰岩相似,但强度和稳定性比石灰岩略高,是一种良好的建筑石料。白云岩外观特征与石灰岩也相似,在野外难以区分,可依据盐酸起泡程度辨别。

2.5 变质岩

在漫长的地质历史中,先生成的岩石在各种变质因素的作用下,改变了原有的结构、构造或矿物成分,具有了新的结构、构造或矿物成分,则原岩变质为新的岩石,称为变质岩。引起原岩地质特征发生改变的因素称为变质因素,在变质因素作用下使原岩地质特性改变的过程称为变质作用。变质岩在地壳表面的分布面积占陆地面积的1/5,岩石年代越老,变质程度越深,该年代岩石中的变质岩比重也就越大。

2.5.1 变质岩的产状

变质作用基本是原岩在保持固体的状态下,在原处进行的,因此,变质岩的产状为残余产状。由岩浆岩形成的变质岩称为正变质岩,保留原岩浆岩产状;由沉积岩形成的变质岩称为副变质岩,保留沉积岩的产状。

2.5.2 变质因素

引起变质的主要因素包括温度、压力以及化学活泼性流体。

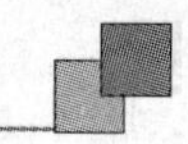

① 温度，是引起岩石变质的最基本因素。促使岩石温度升高的原因有三种：一是地下岩浆侵入地壳带来的热量；二是随地下深度增加温度升高的地热；三是地壳中放射性元素蜕变释放的热量。高温使原岩中的元素化学活泼性增大，原岩中的矿物重新结晶，隐晶变显晶，细晶变粗晶，从而改变原有结构，产生新的矿物。

② 压力，可分为静压力和动压力。静压力类似于静水压力，是由上覆岩石质量产生的，随着深度增加而增加；静压力使岩石体积受压变小，比重变大，从而生成新的矿物。动压力也称定向压力，由地壳运动产生，由于地壳各处运动的强烈程度和运动方向不同，岩石所受动压力的性质、大小和方向也不同。在动压力作用下，原岩中的各种矿物发生不同程度的变形，甚至破碎，在最大压力方向上，矿物被压碎，不能生长结晶，与最大压力垂直的方向是变形和结晶生长的有利空间。由动压力引起的岩石矿物沿与压力垂直方向平行排列的构造称为片理构造，是变质岩最重要的构造特征。

③ 化学活泼性流体，在变质过程中起到溶剂的作用，主要包括水蒸气、O_2、CO_2等，它们与原矿物接触发生化学作用，生成新的矿物，如方解石与含硫酸的水发生化学作用，可生成石膏。

岩石变质经常是上述因素综合作用的结果，但由于变质前原岩石的性质以及变质过程中变质作用的主要因素和变质程度不同，因而形成了各种不同特征的变质岩。

2.5.3　变质作用的分类

根据起主要作用的变质因素不同，变质作用可分为如下四种类型：

① 接触变质作用，又称热力变质作用，是受高温因素影响的变质作用。

② 交代变质作用，又称汽化热液变质作用，是受化学活泼性流体因素影响的变质作用。

③ 动力变质作用，是受动压力因素作用的变质作用。

④ 区域变质作用，是在一个范围较大的区域内发生的变质作用。

2.5.4　变质岩的矿物组成

组成变质岩的矿物可分为两部分：一部分是岩浆岩和沉积岩共有的矿物，如石英、长石、云母、角闪石、辉石、方解石、白云石等；另一部分是变质岩特有的变质矿物，如石榴子石、红柱石、蓝晶石、阳起石、硅灰石、透辉石、透闪石、绿泥石、蛇纹石、绢云母、石墨、滑石等。变质矿物是鉴别变质岩的重要依据。

原岩成分、变质条件不同，经过变质作用会产生不同的矿物组合，如石英砂岩受热力变质作用生成石英岩，而灰岩受热力变质作用则只能形成大理岩。

2.5.5　变质岩的结构

变质岩的结构主要包括变晶结构、压碎结构和变余结构。

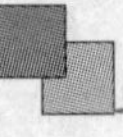

(1) 变晶结构

变晶结构，变质程度较深，岩石中矿物重新结晶较好，基本为显晶，是多数变质岩的结构特征。变晶结构又可分为以下几种：

① 等粒变晶结构，岩石中所有矿物晶粒大小近乎相等，如石英岩、大理岩。

② 斑状变晶结构，岩石中矿物晶粒大小不等，组成斑状变晶的矿物均为结晶能力强的矿物，如石榴子石、电气石等，具有此种结构的岩石有片岩、片麻岩。

③ 鳞片变晶结构，一些鳞片状矿物沿一定方向平行排列，如云母片岩等。

(2) 压碎结构

压碎结构是在较高动、静压力的作用下，原岩变形、碎裂而成的结构。若原岩碎裂成块状则称为碎裂结构；若压力极大，原岩破碎成细微颗粒则称为糜棱结构。

(3) 变余结构

变余结构，是一种过渡型结构。由于变质作用进行得不彻底，原岩的矿物成分和结构特征部分地被保留下来，称为变余结构。如泥质砂岩经变质后，泥质胶结物变成绢云母和绿泥石，其中的碎屑物质如石英不发生变化，形成变余砂状结构。如果原岩是岩浆岩，则可出现变余斑状结构、变余花岗岩结构等。

2.5.6 变质岩的构造

变质岩的构造是识别各种变质岩的重要标志，主要分为片理构造和块状构造。

(1) 片理构造

片理构造，是指岩石中矿物呈定向平行排列的构造，是大多数变质岩区别于岩浆岩和沉积岩的重要特征。根据形态不同，片理构造又可分为以下四种：

① 板状构造，是变质程度最浅的一种构造。泥质、粉砂质岩石受一定挤压后，沿与压力垂直的方向形成密集而平坦的破裂面，岩石极易沿此破裂面剥成薄板，故称为板状构造。板状构造的岩石矿物颗粒极细，只能在显微镜下的板状剥离面上见到一些矿物微雏晶，如板岩。

② 千枚状构造，在具有此构造的岩石中矿物基本重新结晶，并有定向平行排列现象，但由于变质程度较浅，矿物颗粒细小，肉眼难以辨认，仅能在天然剥离面上看到片状、针状矿物的丝绢光泽，如千枚岩。

③ 片状构造，重结晶作用明显，以一种针状或片状矿物为主的定向平行排列构造，是一种深度变质构造。片理很薄，沿片理面很容易剥开呈不规则的薄片，很有光泽，如云母片岩。

④ 片麻状构造，颗粒粗大，片理很不规则，是一种深度变质构造，由深、浅两种颜色的矿物定向平行排列而成，沿片理面不易裂开，如片麻岩。

(2) 块状构造

块状构造，这种变质岩多由一种或几种粒状矿物组成，矿物分布均匀，无定向排列现象，如大理岩、石英岩等。

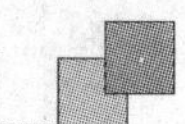

2.5.7 变质岩的分类

常见的变质岩分类见表2-6。

表2-6 变质岩分类简表

岩 类	构 造	代表岩石	主要矿物成分	原 岩
片理状岩类	板状	板岩	粘土矿物、云母、绿泥石、石英、长石等	粘土岩、粘土质粉砂岩、凝灰岩
	千枚状	千枚岩	绢云母、石英、绿泥石等	粘土岩、粘土质粉砂岩、凝灰岩
	片状	片岩	云母片岩:云母、石英为主,其次为角闪石。 滑石片岩:滑石、绢云母为主,其次为绿泥石、方解石。 绿泥石片岩:绿泥石、石英为主,其次为滑石、方解石	粘土岩、砂岩、中酸性火山岩、超基性岩、白云质泥灰岩、中基性火山岩、白云质泥灰岩
	片麻状	片麻岩	花岗片麻岩:长石、石英、云母为主,其次为角闪石,有时含石榴子石。 角闪石片麻岩:长石、石英、角闪石为主,其次为云母,有时含石榴子石	中酸性岩浆岩、粘土岩、粉砂岩、砂岩
块状岩类	块状	大理岩	方解石、白云石	石灰岩、白云岩
		石英岩	石英、绢云母、白云母	砂岩、硅质岩
		蛇纹岩	蛇纹石、滑石、绿泥石、方解石	超基性岩

2.5.8 常见的变质岩

1. 片理状岩类

① 片麻岩,片麻状构造,变晶或变余结构,变质程度较深,矿物大都重新结晶,结晶粒度较大,肉眼可以辨识。浅色矿物多呈粒状,主要为石英和长石;深色矿物多呈针状或片状,主要为角闪石和黑云母等,有时含有少量变质矿物,如石榴子石等。片麻岩进一步定名取决于主要矿物成分,例如花岗片麻岩、闪长片麻岩等。

片麻岩和片岩是逐渐过渡的,两者有时无清晰划分界线,但大多数片麻岩都含有相当数量的长石,因此,习惯上常根据是否含有粗粒长石来划分。

② 片岩,片状构造,变晶结构,矿物成分主要是一些片状矿物,如云母、绿泥石、滑石等,此外还含有石榴子石等变质矿物。片岩与千枚岩、片麻岩极为相似,但其变质程度比千枚岩深。

③ 千枚岩,千枚状构造,变余结构或显微镜鳞片状变晶结构,常呈灰色、绿色、棕

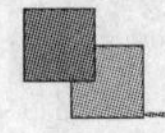

红色、黑色，主要矿物为绢云母、粘土矿物、石英、绿泥石等，岩石的变质程度比板岩深。

④ 板岩，板状构造，变余泥状结构或致密隐晶结构，常呈深灰色、黑色，主要矿物为粘土矿物。板岩与页岩的区别是，板岩质地坚硬。另外，因板岩可沿板理面裂开成为平整的石板，故可广泛用作建筑石料。

2. 块状岩类

① 大理岩，由石灰岩、白云岩经接触变质或区域变质的重结晶作用而成；纯质大理岩为白色，建材界称之为“汉白玉”；含有杂质时，可呈灰白、浅红、淡绿甚至黑色；等粒变晶结构，块状构造，主要矿物为方解石。大理岩与其他浅色岩石的区别是滴冷稀盐酸时强烈起泡。

② 石英岩，由花岗岩经区域变质作用或接触变质作用而成，灰白、浅灰色，等粒变晶结构，致密块状构造，主要矿物为石英和白云母。石英岩有时易与大理岩相混，两者的区别在于大理岩加盐酸会起泡，且硬度比石英岩小。

思考题

1. 简述地球的内部分层以及两个分界面的特点。
2. 造岩矿物和岩石有什么关系？常见的造岩矿物有哪些？
3. 什么叫做摩氏硬度？
4. 粘土矿物有哪几个组群？
5. 三大类岩石的矿物成分、结构和构造有哪些不同？
6. 岩浆岩按 SiO_2 的含量可以分为哪几类？
7. 沉积岩的岩层形态有哪几种？
8. 什么是变质作用？变质作用有哪些类型？
9. 如何区分三大类岩石？

第3章 地质作用与地质年代

3.1 地质作用

地球一直处于不断运动和变化之中，今日的地球只是地球演变的一个阶段。它的表面形态、内部结构和物质成分是时刻变化的，坚硬的岩石粉碎成泥土，泥土又不断沉积形成岩石。

在地质历史发展的过程中，由自然动力引起的地球和地壳组成物质、内部结构及地表形态不断变化的作用，称为地质作用。有些地质作用进行得很快，如地震、火山喷发等，瞬间发生，造成地质灾害；有些地质作用进行得十分缓慢，不易被察觉，如荷兰的海岸平均每年下降 2 mm。我国的珠穆朗玛峰近 100 万年升高了 3 km，平均每年升高 3 mm。由此可见，缓慢的变化过程如果经历漫长的时间，也能引发地壳发生显著变化。

地质作用的动力源泉，一是地球内部放射性元素蜕变产生的内热；二是太阳辐射热及地球的旋转力和重力。地质作用按能量的来源以及作用位置，可分为内力地质作用和外力地质作用。

3.1.1 内力地质作用

由地球内部能量引起的岩石圈物质成分、内部构造、地表形态发生变化的作用称为内力地质作用，包括地壳运动、岩浆作用、变质作用和地震作用。

1. 地壳运动

地壳运动，又称构造运动，是地壳或岩石圈的隆起和凹陷、海陆轮廓的变化、山脉海沟的形成，以及褶皱、断层等各种地质构造的形成和发展。发生在晚第三纪末和第四纪的构造运动称为新构造运动。地壳运动根据运动方向可分为水平运动和升降运动。

(1) 水平运动

水平运动是指地壳或岩石圈块体沿水平方向移动，如相邻块体分离、相向相聚和剪切、错开，是地壳演变过程中表现最强烈的一种运动形式。一般认为，水平运动是形成地壳表层各种构造的主要原因，它使岩层形成褶皱、断层或盆地等。现代水平运动的典型例子是美国的圣安德烈斯断层，地质学家经过多年研究，一致认为在大约1 000万年的时间里，断层西盘向西北方向移动了400～500 km，至今仍在移动。我国的横断山脉、喜马拉雅山、天山、祁连山都是褶皱山系，均是地壳水平运动的产物。

(2) 升降运动

升降运动是指地壳运动垂直于地表，即沿地球半径方向的运动，表现为大面积的升降运动，形成大型隆起和凹陷，产生海退和海侵现象，例如丹麦西部海岸每年以1 mm的速度在下降。我国西沙群岛的珊瑚礁原是在海水深0～80 m范围内生长的，现已高出海面15 m左右，这说明西沙群岛近期处于缓慢上升期。

地壳在某一地区表现为上升隆起，而在相邻地区则表现为下降沉陷，隆起和沉陷区相间，此起彼伏，相互更替。

地壳的升降运动对地壳表层沉积岩的形成有很大的影响，不仅控制了沉积岩的物质成分，也影响了沉积岩的厚度和空间分布，因为地壳上升形成的隆起区是沉积岩的物质成分供给区；地壳下降形成的凹陷区是沉积物堆积转化为沉积岩的场所。

2. 岩浆作用

岩浆作用，是指由于巨大的压力，活性很大的岩浆顺地层的薄弱带侵入甚至喷出地表冷却成岩的作用。由岩浆作用形成的岩石叫岩浆岩，岩浆作用有喷出作用和侵入作用两种方式。

(1) 喷出作用

喷出作用是地下深处的岩浆直接冲破地壳喷射或溢流到地面冷却成岩的过程。根据对火山的观察可知，岩浆的温度一般为900～1 000 ℃，最高可达1 300 ℃，根据岩浆的颜色可确定其温度。岩浆喷出时有液体、固体、气体三种形态的物质。气体主要来自地下的岩浆，部分由岩浆上升过程中与围岩作用所产生，主要为水蒸气，占60%～90%，其次是CO_2、CO、SO_2、NH_3、NH_4、HCl、HF、H_2S、Cl、S、N等；液态物质称为熔岩流，是岩浆喷出地表后，损失了大部分气体而成；固体物质是熔岩喷射到空中冷却凝固或火山周围的岩石被炸碎而形成的碎屑物质，称为火山碎屑物。

岩浆喷出作用，按其通道可分为：

① 裂隙式，岩浆沿层面裂隙溢流出地面，溢流出的岩浆多为易流动的基性熔浆，在地表分布面积广，常形成熔岩被。

② 中心喷发式，熔浆沿着喉管状的通道喷出地面，它是现代火山喷发的主要方式，常成群出现。

火山根据其活动性可以分为：

① 活火山，人类历史有过记载或至今仍在活动的火山，例如欧洲最高的活火山埃特纳火山，海拔 3 200 m 以上，最近的一次喷发是在 2015 年 5 月。

②死火山，人类历史中无记载的火山，例如，非洲东部的乞力马扎罗山、中国山西的大同火山群及香港的粮船湾超级火山等均为死火山，而在山西大同火山群方圆约 50 km^2的范围内，分布着 2 个孤立的火山锥，其中狼窝山火山锥高将近 120 m。死火山并非绝对不会再次喷发，只要遇上强烈地震，死火山就有可能再次活动起来。

③ 休眠火山，人类历史中有过记载而现在停止活动的火山，例如我国黑龙江省德都县五大连池火山是 1719—1721 年间先后数次喷发形成的，至今处于休眠状态。

(2) 侵入作用

岩浆从地下深处沿各种软弱带上升，往往由于热力和上升力量的不足或因通道受阻，不能到达地表，只能侵入到地下一定深度冷凝成岩，这一过程叫做侵入作用。

3. 变质作用

已形成的各种岩石，在高温、高压并有化学物质参与的情况下发生物质、结构、构造变化的地质作用称为变质作用，该条件下生成的岩石为变质岩。

4. 地震作用

地震是地壳快速振动的现象，是地壳运动的一种强烈表现。火山喷发可以引起火山地震，地下溶洞塌陷可以引起陷落地震，山崩、陨石坠落、拆除房屋的定向爆破也可以引起地震，但这些地震规模小，且影响范围小。绝大多数地震是由地壳运动造成的。由地壳运动造成的地震称为构造地震，例如 2014 年 11 月 22 日发生在四川省甘孜藏族自治州康定县的 6.3 级地震就是构造地震。

1911 年，美国学者 H. F. Reid 提出了弹性回跳理论，认为由于构造应力的影响，在岩石圈的一定地区内岩石发生弹性弯曲，因此产生了弹性应变能积累，当应变能超过弹性极限时，岩石发生错断并弹回原来的位置，同时使积累的能量得到突然释放，岩石错断时，能量主要以地震波的形式释放，地震波达到地表时引起地表振动。

3.1.2　外力地质作用

外力地质作用是指由地球范围以外的能源所引起的地质作用。能源主要来自太阳辐射能以及太阳和月球的引力等，作用方式有风化、剥蚀、搬运、沉积和成岩五种。外力地质作用的总趋势是削高补低，使地面趋于平坦。

1. 风化作用

在常温常压下，地壳表面的岩石在原地发生物理和化学变化的过程叫做风化作用。风化作用可分为物理风化作用、化学风化作用和生物风化作用，三种风化作用总是同时存在，相互促进，但在具体地区可以有主次之分，这部分内容将在第6章详述。

2. 剥蚀作用

将风化产物从岩石上剥离下来，同时也对未风化的岩石进行破坏，不断改变岩石的面貌，这种作用叫做剥蚀作用。其地质营力有风、流水、冰川和海浪等，因此剥蚀作用可分为风的吹蚀作用、流水的侵蚀作用、地下水的潜蚀作用、冰川的刨蚀作用、海水和湖水的冲蚀作用等。

3. 搬运作用

风化剥蚀的产物在地质营力的作用下离开母岩，经过长距离搬运，到达沉积区的过程叫做搬运作用。其地质营力主要是风和地表流水，其次是冰川、地下水、湖水和海水。

4. 沉积作用

被搬运的物质经过一定距离后，由于搬运介质的动能减弱，搬运介质的物理化学条件发生变化，或在生物的作用下，被搬运的物质从搬运介质中分离出来，形成沉积物的过程，叫做沉积作用。沉积作用的方式有机械沉积作用、化学沉积作用和生物沉积作用。

5. 成岩作用

使松散沉积物转变为沉积岩的过程叫做成岩作用。成岩作用可分为：

① 压固作用，是指先沉积的松散碎屑物，在静压力的作用下水分被排出，逐渐被压实、固结成岩。

② 胶结作用，是指可溶介质分离出的泥质、钙质、铁质、硅质等充填于碎屑沉积物颗粒之间，经过压实，使碎屑颗粒胶结起来，形成坚硬的碎屑岩。

③ 重结晶作用，是指粘土岩和化学岩成岩过程中，由于温度和压力增高，物质质点重新排列组合，颗粒增大。一般情况下，颗粒细、溶解度大、成分均一的矿物容易发生重结晶作用，作用程度也最强。

3.2 地质年代

地壳中已发现的最老的岩石年龄约42.8亿年，中国已发现的最老的岩石年龄约

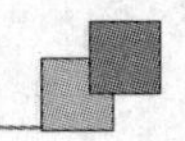

35亿年，在此前地壳已开始形成。地质学家和古生物学家根据地层自然形成的先后顺序，将地壳历史划分为若干个时间段落，这种时间段落称为地质年代，也称相对地质年代；另一种是绝对地质年代。各个地质时期形成的岩石称为该时代的地层，层层叠叠的地层构成了地壳历史的天然记录和物质见证。

3.2.1　绝对地质年代

绝对地质年代，是指利用岩石中某些放射性元素的蜕变规律，以年为单位来测算岩石形成的年龄，也称同位素地质年龄。

地层形成的准确时间主要根据岩石中所含放射性同位素和它的蜕变产物（稳定同位素）的相对含量来测定。放射性同位素是一种不稳定元素，在天然条件下发生蜕变，并自动放射出某些射线，蜕变成另一种稳定元素。同位素地质年龄测定主要用来确定不含化石的古老地层和岩浆岩的年龄。

目前，利用放射性同位素所获得的地球上最大的岩石年龄为45亿年，月岩年龄为46～47亿年，陨石年龄在46～47亿年之间。

3.2.2　相对地质年代

相对地质年代主要通过对比各地层的沉积顺序、古生物特征和地层接触关系来确定，这种方法无需精密仪器，故被广泛采用。常用的相对地质年代确定方法如下。

1. 地层层序法

地层层序法是确定地层相对地质年代最基本的方法。一般情况下，老岩层在下，新岩层在上，这种新老上下覆盖关系称为地层的层序定律。若岩层经剧烈的构造运动，地层层序倒转，则应根据沉积岩的泥裂、波痕、雨痕等特征确定其新老顺序。

2. 古生物比较法

现已大部分绝灭的古生物，遗体和遗迹可保存在沉积岩层中，一般被钙质、硅质充填或交代变质，形成化石。生物的演化从简单到复杂，从低级到高级，因此，年代越老的地层中含有的生物化石越原始越低级。在某一环境阶段大量繁衍、广泛分布，从发生、发展到灭绝的时间短，并且特征显著的生物化石称为标准化石，可用于确定地层年代，如寒武纪的三叶虫和蝙蝠石、奥陶纪的珠角石、志留纪和早泥盆纪的单笔石、泥盆纪的石燕、二叠纪的大羽羊齿、侏罗纪的恐龙等。

3. 岩性对比法

一般在同一时期、相同地质环境下形成的沉积岩成分、结构和构造是相似的，因此确定了某地区的地层年代后，可通过岩性对比确定其他地区的地质年代。例如，在我国华北和东北的南部，奥陶纪地层是厚层质纯的石灰岩；广西、湖南一带的泥盆纪早期地层为紫红色的砂岩等，它们都可以作为标志层。岩性对比法一般用于确定地质年代较老而又无化石的“哑地层”地质年代，对于含有化石的地层可以相互印证。

4. 地层接触关系法

地层间的接触关系，是构造运动、岩浆活动和地质发展历史的记录。沉积岩、岩浆岩及其相互间均有不同的接触类型，据此可判断地层的新老顺序。

(1) 沉积岩接触关系

沉积岩的接触关系分为整合接触和不整合接触两类，其中不整合接触又分为平行不整合(假整合)接触和角度不整合接触。

1) 整合接触

在地壳上升的隆起区域发生剥蚀，在地壳下降的凹陷区域发生沉积。当沉积区处于相对稳定阶段时，沉积区连续不断地堆积，堆积物的沉积次序是衔接的，产状是平行的，形成年代也是连续的，岩层之间的这种接触关系称为整合接触。

2) 不整合接触

在沉积过程中，如果地壳发生上升运动，沉积区隆起，沉积作用被侵蚀作用代替，发生沉积间断，之后若地壳又发生下降运动，则在剥蚀的基础上又接受新的沉积，由于沉积过程发生间断，岩层的形成年代不连续，中间缺失沉积间断的岩层，岩层之间的这种关系称为不整合接触。存在于接触面之间因沉积间断而产生的剥蚀面称为不整合面。在不整合面上，有时可以发现砾石层等下部岩层遭受外力剥蚀的痕迹。不整合接触又可分为平行不整合接触和角度不整合接触两种。

① 平行不整合接触，又称假整合接触，当上下地层彼此平行，沉积时间不连续时称为平行不整合接触。例如我国华北地区的石炭二叠纪地层，直接覆盖在奥陶纪石灰岩上，虽然两者的产状平行，但中间缺失志留纪到泥盆纪的岩层，是一个规模巨大的平行不整合接触。

② 角度不整合接触，当上下地层呈角度相交，沉积时间不连续时称为角度不整合接触。它形成的原因是不整合面下部的岩层在接受新的沉积之前发生过褶皱变动。它是野外常见的一种不整合接触。在我国华北震旦亚界与前震旦亚界之间，岩层普遍存在角度不整合的现象，说明在震旦亚代之前，华北地区的构造运动是比较频繁而强烈的。地层接触关系如图 3－1 所示。

(2) 岩浆岩与沉积岩的接触关系

岩浆岩不含古生物化石，也没有层理构造，但它总是侵入或喷出于周围的沉积岩层中，因此，可根据岩浆岩体与周围已知地质年代的沉积岩层的接触关系来确定岩浆

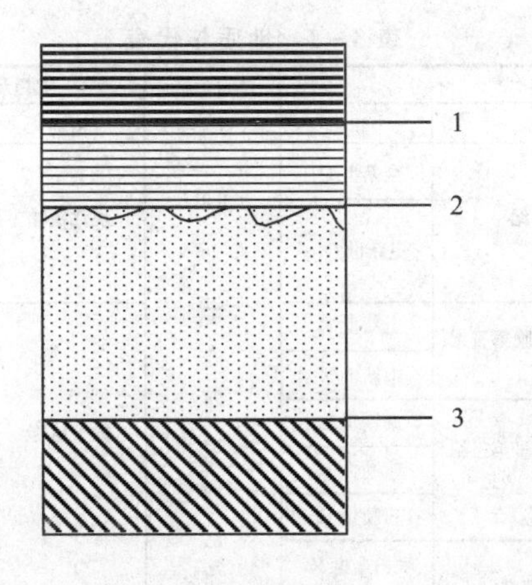

1—整合接触；2—平行不整合接触；3—角度不整合接触

图3-1 地层接触关系

岩的相对地质年代。

① 侵入接触，是指后期岩浆岩侵入早期沉积岩的一种接触关系。围岩发生变质现象，说明岩浆侵入体的形成年代晚于发生变质的沉积岩层的地质年代（见图3-2(a)）。

② 沉积接触，是指岩浆岩形成后，经长期风化、剥蚀，后来在剥蚀面上又产生新的沉积的接触关系。侵入接触和沉积接触可同时出现，如图3-2(c)所示。剥蚀面上部的沉积岩层无变质现象，而在沉积岩底部往往存有岩浆岩组成的砾岩或风化剥蚀的痕迹。这说明岩浆岩形成的年代早于沉积岩的地质年代（见图3-2(b)）。

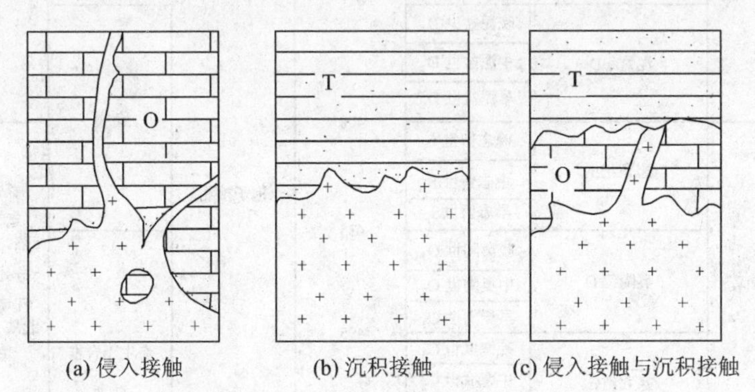

(a) 侵入接触　(b) 沉积接触　(c) 侵入接触与沉积接触

图3-2 岩浆岩与沉积岩的接触关系

3.2.3 地质年代与地层单位

相对地质年代的单位分别为宙、代、纪、世、期、时，与之对应的地层单位为宇、界、系、统、阶、带，见表3-1。

表 3-1 地质年代表

相对年代				绝对年龄/（百万年）	生物开始时间		主要特征
宙	代	纪	世		植物	动物	
显生宙	新生代Kz	第四纪	全新世Q_4	0.01	现代植物	人类出现	各种近代堆积物、冰川分布、黄土生成
			更新世Q_{1-3}	2.5			
		第三纪R 晚第三纪N	上新世N_2	5	被子植物	哺乳动物	主要成煤期
			中新世N_1	24			
		早第三纪E	渐新世E_3	37			
			始新世E_2	58			
			古新世E_1	65			
	中生代Mz	白垩纪K	晚白垩世K_2			爬行动物	后期地壳运动强烈，岩浆活动，海水退出大陆
			早白垩世K_1	137			
		侏罗纪J	晚侏罗世J_3		裸子植物		
			中侏罗世J_2				
			早侏罗世J_1	203			
		三叠纪T	晚三叠世T_3				
			中三叠世T_2				
			早三叠世T_1	251			
	古生代Pz 晚古生代Pz^2	二叠纪P	晚二叠世P_2		孢子植物	两栖动物	
			早二叠世P_1	295			
		石炭纪C	晚石炭世C_3				
			中石炭世C_2				
			早石炭世C_1	355			
		泥盆纪D	晚泥盆世D_3			鱼类	
			中泥盆世D_2				
			早泥盆世D_1	408			
	早古生代Pz^1	志留纪S	晚志留世S_3				后期地壳运动强烈，大部分处浅海环境，华北缺O_3—S地层
			中志留世S_2				
			早志留世S_1	435		海生无脊椎动物	
		奥陶纪O	晚奥陶世O_3				
			中奥陶世O_2				
			早奥陶世O_1	495			
		寒武纪∈	晚寒武世C_3				
			中寒武世C_2				
			早寒武世C_1	540			
隐生宙	元古代Pt	震旦纪Z	晚震旦世Z_2				海侵广泛，晚期构造运动强烈
			早震旦世Z_1	1 800			
				3 200	高级藻类出现，海生藻类出现	低等无脊椎动物出现	
	太古代Ar			4 000	原核生物（细菌、蓝藻）出现		
地球初期发展阶段				4 600	无生物		

1表示早；2表示晚。

3.3　第四纪地质特征

第四纪时期是距今最近的地质年代，在第四纪历史上发生了两大变化，即人类的出现和冰川作用。第四纪时期沉积的历史相对较短，一般又未经固结硬化成岩作用，因此第四纪形成的各种沉积物通常是松散、软弱、多孔的，与岩石性质存在显著差别，有时统称为土。

3.3.1　第四纪地层的一般特征

一般把第四纪地层称为沉积物或沉积层，如水流作用形成的冲积物或冲积层，风化作用形成的残积物或残积层等。第四纪沉积物可分为陆相沉积物和海相沉积物。

1. 第四纪陆相沉积物的一般特征

① 第四纪陆相沉积物形成的时间短，或正在形成，普遍呈松散或半固结状态，易流动、破坏，对工程建筑十分不利。

② 第四纪陆相沉积物分布在地表，直接受到阳光、大气和水的影响，易风化，可通过风化程度划分第四纪地层。

③ 第四纪陆相沉积物分布在地表，由于气候条件和所受地质营力不同，岩性、岩相、厚度变化较大。

④ 第四纪陆相沉积物粒径变化范围较大，多为砂砾层、砾质砂土、砂质粘土、含泥质碎石和碎石土块等混合碎屑岩类。第四纪有机岩包括泥炭、有机质淤泥和有机质碎屑沉积物。

2. 第四纪海相沉积物的一般特征

海洋因深度和地貌条件不同，其动力条件、压力、光照和含氧量均不相同，第四纪海相沉积物也存在很大区别。根据海洋地貌和动力条件，第四纪海相沉积可分为近岸沉积、大陆架沉积和深海沉积。

① 近岸沉积，分布于从海岸到海底受波浪作用显著的水下岸坡部分。岩石海岸沉积带宽仅数十米，泥岸可达数十千米。近岸动力的多样性使得形成的沉积物成分复杂，有砾石、砂、淤泥、泥炭和生物贝壳等，碎屑物主要来自于陆地。

② 大陆架沉积，大陆架范围内有粗粒沉积、砂质沉积和淤泥质沉积。粗粒碎屑沉积主要来源于水下岸坡破坏、河流和冰川搬运的物质。砂质沉积主要是河流携带物在大河入海处沉积。淤泥质沉积分布极广，离岸 200～300 km 内都有陆源碎屑淤泥质分布，在大河口可达 400～600 km 远，淤泥质沉积中常因含有机质、硫化铁、氧化锰和绿泥石呈现不同的颜色。

③ 深海沉积，由于水深、温度低、压力大，大型软体生物很少，河流携带物达不到，故其沉积以浮游性动植物钙质或硅质沉积为主，其次为火山灰沉积、化学沉积和

局部的浮冰碎屑沉积。深海沉积缓慢,故深海第四纪沉积物厚度不大。

3.3.2 中国第四纪地层特征

我国第四纪地层无论从分布范围上还是从成因类型、岩性、岩相上,都与晚第三纪地层密切相关,其主要特征如下：

1. 沉积类型复杂

我国第四纪海相沉积主要分布在东南部,如海南岛、沿海一带以及距海一定范围的大陆地区。

第四纪陆相沉积除受地质构造及古地理条件影响外,古气候的影响也特别明显。我国第四纪陆相沉积分为以下 6 种类型:

(1) 湖相沉积

在更新世,我国湖泊面积比现在大,湖相沉积分布范围相当广泛,如山西、河南、河北、内蒙古、云南等地区均有更新世湖相地层。

(2) 洞穴——裂隙堆积

在我国华南地区,更新世各时期皆有这种堆积,而在华北主要分布在太行山及北京西山地区,时代主要是中更新世,也有少量是早、晚更新世。

(3) 河流及洪流堆积

在我国南方及西北各省区均有分布,在南方,如长江、珠江流域,早、中更新世的河流相砾石堆积分布很广;在西北的山区,如祁连山、天山等山麓地带,洪积相砾石堆积也很广,且厚度大,一般可达数百米甚至数千余米厚。

(4) 土状堆积

土状堆积指黄土及红土堆积。黄土堆积主要分布在黄河流域的广大地区内,成因复杂,有洪积的、坡积的、坡-洪积的、冲积的、风积的、残积的、残-坡积的等。在山麓地带,土状堆积的底部常有冲积砂砾层。

(5) 冰川堆积

更新世的冰川堆积,在长江中下游及其他高山地区皆有分布;近代冰川堆积主要分布在西部的高山高原地区。

(6) 火山喷发堆积

我国华北和东北地区,更新世初期及晚期火山喷出的玄武岩,云南更新世火山喷出的玄武岩和安山岩,都属于火山喷发堆积这一类型。

2. 沉积物分布的分带性

第四纪沉积物具有明显的带状分布,这种分布主要受气候条件和地貌条件的影响。

我国西北部,第四纪堆积物的空间分布表现出严格的地带性:在山地主要为冰碛物和冰缘沉积;在山麓则长期进行冰水沉积和洪积,并向内陆盆地方向过渡为洪积-

冲积物、黄土状沉积物；在内陆盆地中心则为风成堆积，并有局部的盐湖、盐沼化学沉积。塔里木盆地及其周围的山地，由山地至盆地中心可分为四个带：山地冰碛及冰缘沉积带、山麓坡积及洪积带、洪积冲积带、盆地内化学沉积带。

我国南部，第四纪洞穴——裂隙堆积物在时间上的分带性十分明显，如广西早更新世的"巨猿"洞穴堆积高出地面约 90 m；中—晚更新世的洞穴堆积高出地面 35～40 m；近代洞穴堆积在地面以下。

随着气候带的不同，我国自北向南，沉积物呈纬向的带状分布：寒带的冻土、温带的黑土、暖温带的黄土及红色土、亚热带及热带的红土。

随着与海的距离由远及近，气候也由干变湿。我国自西向东，沉积物呈径向的带状分布，这在我国北部表现明显：干旱区的戈壁和风成沙、半干旱区的黄土、潮湿区的冲积物、沿海的海相堆积。

思考题

1. 什么叫做内力地质作用？它有哪几种形式？
2. 简述火山的种类。
3. 什么叫做变质作用？
4. 什么叫做地震作用？
5. 什么叫做外力地质作用？它有哪几种形式？
6. 什么叫做绝对地质年代？如何确定？
7. 什么叫做相对地质年代？简述确定方法。
8. 地质年代的单位是什么？对应的地层单位是什么？
9. 我国第四纪地层有哪些特征？

第4章

地质构造

地质构造是地壳运动的产物，由于地壳中存在很大的应力，组成地壳的上部岩层在地应力的长期作用下发生变形、变位，形成构造变动的形迹，如野外经常遇到的褶曲和断层等。构造变动在岩体中遗留下来的各种永久性变形、变位，称为地质构造。

地质构造规模大小不一，大的构造带可以纵横数千公里，如美国的圣安德烈斯断层，小的如岩浆岩的片理构造等。在同一区域，往往会存在不同规模和不同类型的构造体系，使区域地质条件复杂化，但是大型复杂的地质构造，总是由一些较小的基本构造形态按一定方式组合而成。本章主要介绍一些典型的地质构造。

4.1 岩层的产状

岩层是指两个平行或近于平行的界面所限制的同一岩性组成的层状岩石。岩层的产状是指岩层的空间位置，包含走向、倾向和倾角三要素。后面讲到的褶皱轴面、节理面、断层面等形态的产状意义、表示方法和测定方法均与岩层相同。

4.1.1 岩层产状的三要素

1. 走 向

岩层层面与水平面的交线称为走向线，走向线是直线，两头各指向一方，相差180°，例如一头指向南，一头指向北。走向所指的方向称为走向，表示岩层在空间的水平延伸方向，例如该岩层的走向为南北向。

2. 倾 向

垂直走向线顺层面倾斜面向下引出的一条直线叫倾斜线，倾斜线在水平面上的投影所指的方向称为岩层的倾向。倾向只有一个方向，表示岩层在空间的倾斜方向，与走向相差90°。

3. 倾　角

岩层层面与水平面所夹的锐角称为倾角，表示岩层在空间的倾斜度。

岩层产状要素如图 4-1 所示。

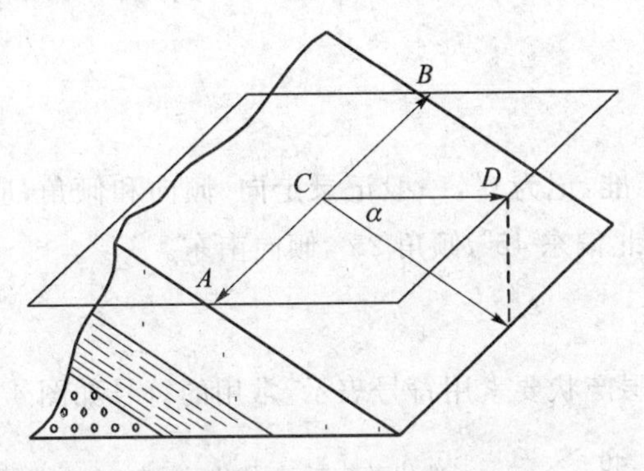

AB—走向；CD—倾向；α—倾角

图 4-1　岩层产状要素

4.1.2　岩层产状的测定

岩层产状通常用地质罗盘仪直接测定其走向、倾向和倾角，测定方法如下：

1. 选择岩层层面

测量前，先正确选择岩层层面，注意区分解理面，确定岩层的真正露头，而不是滚石，选择的岩层层面要平整，层面产状要具有代表性。

2. 测定走向

将地质罗盘仪的长边（罗盘刻度的南北方向）紧贴岩层层面，罗盘仪保持水平，罗盘的南针或北针所指的方位角即为岩层的走向。

3. 测定倾向

将罗盘的短边紧贴岩层层面，罗盘仪保持水平，罗盘北针所指的方位角即为倾向。

4. 测定倾角

将罗盘长边的面沿着最大倾斜方向紧贴岩层层面，旋转倾角指示针使垂直气泡居中，此时倾角指示针所指刻度盘的读数即为倾角。

4.1.3　岩层产状的表示方法

岩层产状的表示方法主要有以下三种：

1. 方位角法

岩层记录中最常用的方法，通常只记倾向和倾角，前面为倾向方位角，后面为倾角。例如 230°∠27°，读作：倾向 230°，倾角 27°，其走向可用倾向加减 90°得出，为 320°或 140°。

2. 象限角法

以北或南作为标准，记为 0°，一般记录走向、倾向和倾角，应用较少。例如 N45°E/25°SE，读作：走向北偏东 45°，倾角 25°，倾向南东。

3. 图示法

在地质图上，岩层产状要素用符号表示，常用的符号如图 4-2 所示。

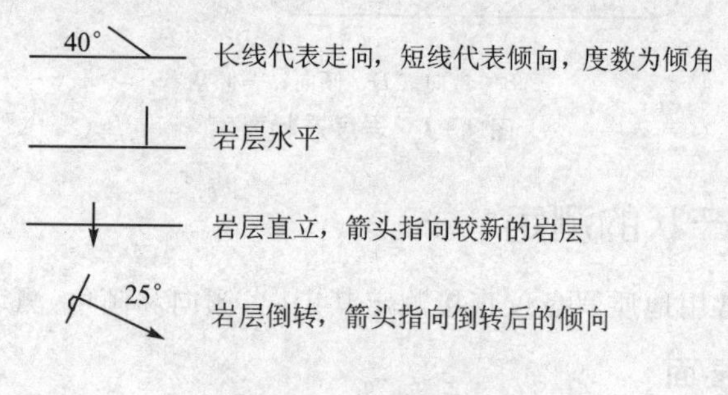

图 4-2　地质图图例

4.2　水平岩层和倾斜岩层

4.2.1　水平岩层

水平岩层是指岩层倾角为 0°的岩层，绝对水平的岩层很少见，习惯上将倾角小于 5°的岩层统称为水平岩层或水平构造。水平岩层一般出现在构造运动轻微的地区或大范围内均匀抬升、下降的地区，主要分布在平原、高原或盆地的中部。水平岩层中的新岩层总是位于老岩层之上，同一高程的不同出露点为同一岩层。

4.2.2　倾斜岩层

由于地壳运动使原始水平的岩层发生倾斜，在岩层层面与水平面之间形成一定夹角，这种有一定夹角的岩层称为倾斜岩层或倾斜构造。它常常是褶皱的一翼或断层的一盘，也可以是大区域内的不均匀抬升或下降形成的。在一定地区内，向同一方向倾斜、倾角基本一致的岩层称为单斜构造。

当倾斜岩层仍然保持新岩层在上、老岩层在下的产出状态时，就称为正常倾斜岩层；当构造运动强烈，岩层发生倒转，出现老岩层在上、新岩层在下的产出状态时，则称为倒转倾斜岩层。岩层的正常与倒转主要依据化石确定，也可根据层面特征或地质剖面确定。倾斜岩层按倾角分为缓倾岩层（≤30°）、陡倾岩层（30°～60°）和陡立岩层（≥60°）。

4.2.3　岩层产状与边坡的稳定性

岩层产状与岩石路堑边坡坡向间的关系控制着边坡的稳定性。依据岩层倾角和边坡角的关系可初步判断边坡的稳定性。边坡角是指坡面与水平面的夹角。

① 当岩层倾向与边坡倾向一致，岩层倾角大于或等于边坡坡角时，边坡一般是稳定的，如图4-3(a)所示。

② 若坡角大于岩层倾角，则岩层因失去支撑而有滑动的危险，如图4-3(b)所示。

③ 当岩层倾向与边坡坡向相反时，若岩层完整，层间结合好，则边坡是稳定的；若岩层内有倾向坡外的节理，层间结合差，岩层倾角又很陡，岩层多呈细高柱状，则容易发生倾倒破坏，如图4-3(c)所示。

④ 水平岩层或直立岩层中的路堑边坡，一般是稳定的，如图4-3(d)和(e)所示。

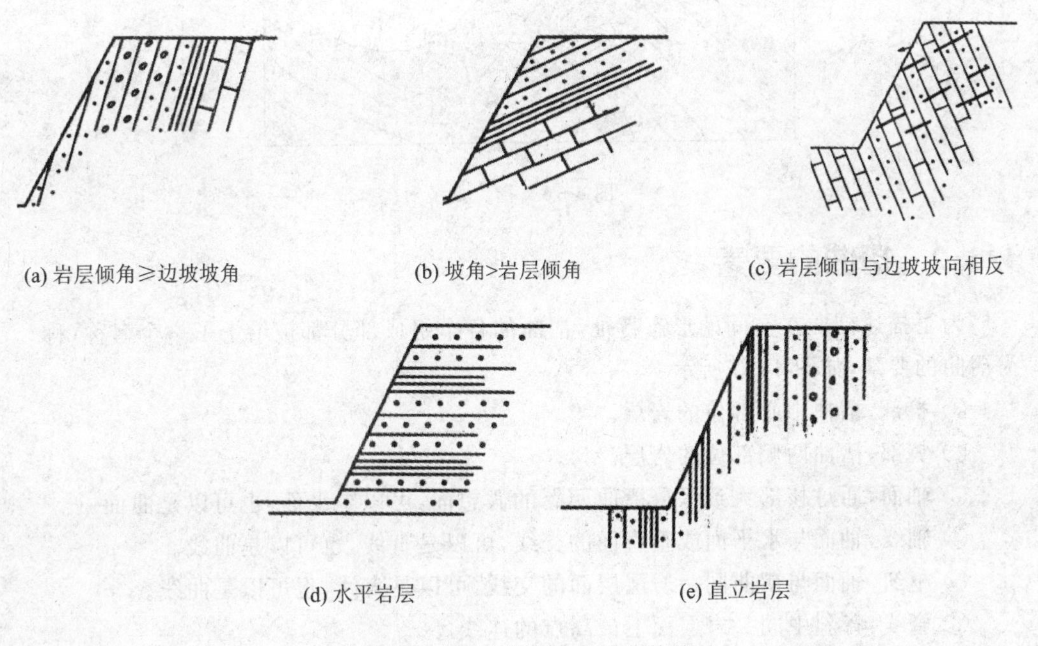

(a) 岩层倾角≥边坡坡角　(b) 坡角>岩层倾角　(c) 岩层倾向与边坡坡向相反

(d) 水平岩层　(e) 直立岩层

图4-3　岩层产状与边坡坡角的关系

4.3 褶皱构造

4.3.1 概 述

在构造运动的作用下，岩层产生的连续弯曲变形形态，称为褶皱构造。褶皱构造的规模差异很大，大型褶皱构造延伸数百公里，小的褶皱构造在手标本上可以见到。

褶皱构造中任何一个单独的弯曲称为褶曲，褶曲是组成褶皱的基本单元。褶曲分为背斜和向斜两种形式，如图 4-4 所示。

① 背斜，岩层向上弯曲，核部地层时代老，两翼地层时代新。正常情况下，两翼地层相背倾斜，故称背斜。背斜经过风化剥蚀后，组成背斜的地层在地面的分布规律是：从中心到两侧，地层由老至新呈对称重复出现。

② 向斜，岩层向下弯曲，核部地层时代新，两翼地层时代老。正常情况下，两翼地层相向倾斜，故称向斜。向斜经风化剥蚀后，组成向斜的地层在地面的分布规律是：从中心到两侧，地层由新至老呈对称重复出现。

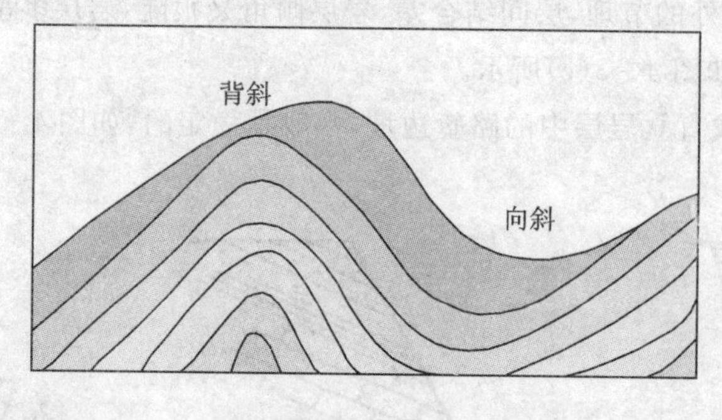

图 4-4 褶 曲

4.3.2 褶曲的要素

为了描述褶曲在空间的形态特征，褶曲的各个组成部分都被给予了一个名称，称为褶曲的要素，如图 4-5 所示。

① 核部，褶曲中心部位的岩层。

② 翼部，褶曲两侧部位的岩层。

③ 轴面，通过核部大致平分褶曲两翼的假想面，可以是平面，也可以是曲面。

④ 轴线，轴面与水平面或垂直面的交线，可以是直线，也可以是曲线。

⑤ 枢纽，轴面与褶曲同一岩层层面的交线，可以是直线，也可以是曲线。

⑥ 脊线：背斜中同一岩层面上最高点的连线。

⑦ 槽线：向斜中同一岩层面上最低点的连线。

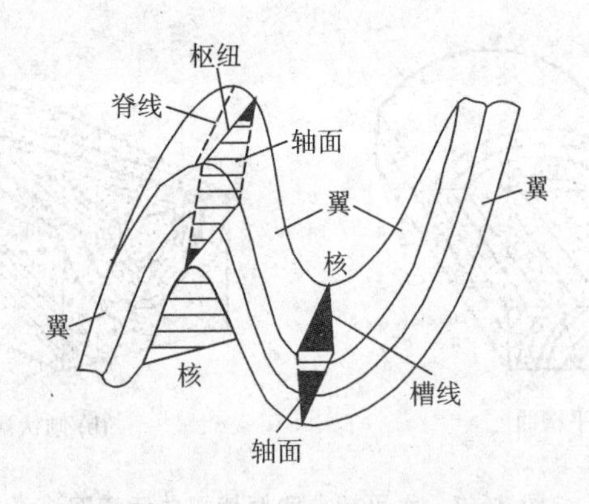

图4-5 褶曲的要素示意图

4.3.3 褶曲的形态分类

褶曲的形态多种多样,可根据褶曲形状进行分类,本文主要介绍以下两种。

1. 按轴面的产状分类

(1) 直立褶曲,轴面直立,两翼岩层倾向相反,倾角大致相等,如图4-6(a)所示。

(2) 倾斜褶曲,轴面倾斜,两翼岩层倾向相反,倾角不等,如图4-6(b)所示。

(3) 倒转褶曲,轴面倾斜,两翼岩层倾向相同,其中一翼为倒转岩层,如图4-6(c)所示。

(4) 平卧褶曲,又称横卧褶曲,轴面近水平,两翼岩层产状近水平,其中一翼为倒转岩层,如图4-6(d)所示。

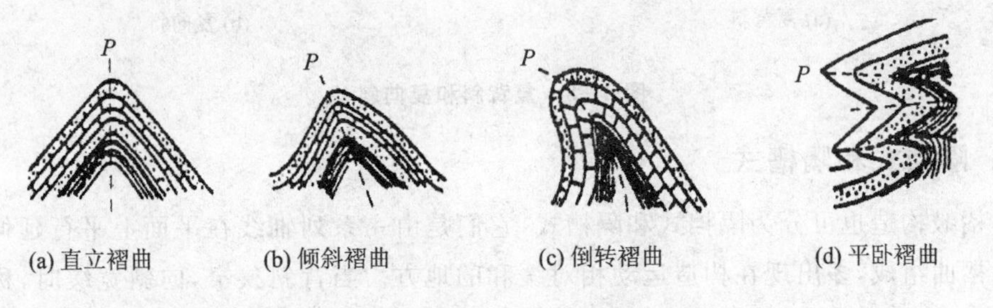

图4-6 按轴面的产状划分的褶曲类型

2. 按枢纽的产状分类

① 水平褶曲,枢纽近水平,两翼岩层的走向平行呈不封闭状态,如图4-7(a)所示。

② 倾伏褶曲,枢纽倾斜,两翼岩层走向不平行,并逐渐汇合形成弧形转折端,如图4-7(b)所示。

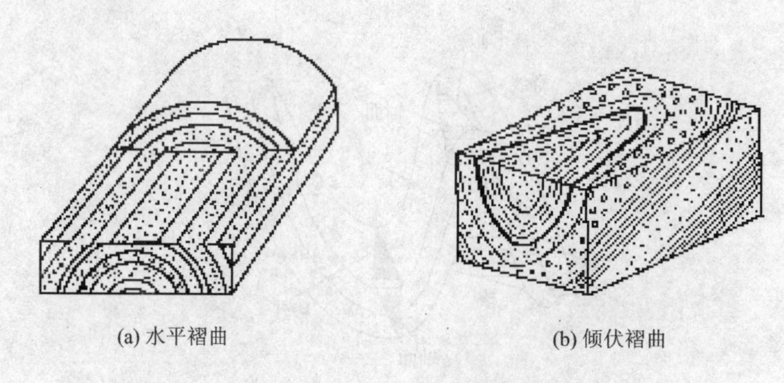

(a) 水平褶曲　　(b) 倾伏褶曲

图 4－7　水平褶曲和倾伏褶曲示意图

4.3.4　褶皱构造的类型

1. 复背斜和复向斜

褶曲在空间常以多个连续的背斜和向斜组合形态出现，按组合形态可分为复背斜（见图 4－8(a)）和复向斜（见图 4－8(b)），即由一系列连续弯曲的褶曲组成一个大背斜或者大向斜，一般出现在构造运动强烈的地区。

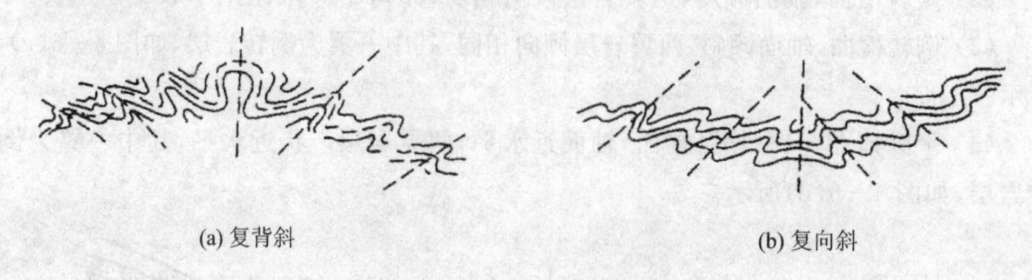

(a) 复背斜　　(b) 复向斜

图 4－8　复背斜和复向斜

2. 隔挡式和隔槽式

褶皱构造也可分为隔挡式和隔槽式，它们是由一系列轴线在平面上平行延伸的连续褶曲组成，多出现在构造运动相对缓和的地方。当背斜狭窄，向斜宽缓时，称为隔挡式（见图 4－9(a)）；当背斜宽缓，向斜狭窄时，称为隔槽式（见图 4－9(b)）。

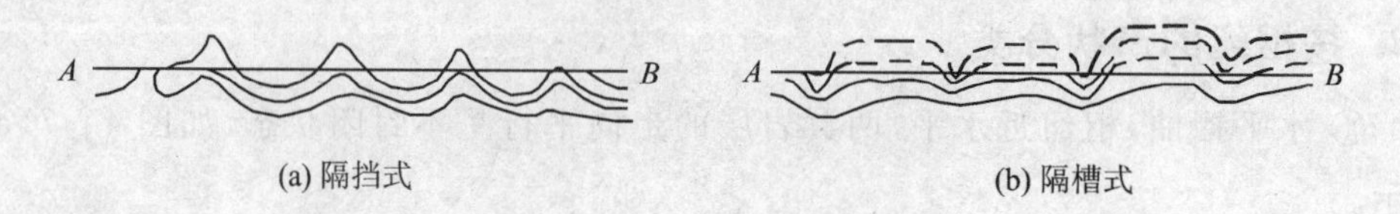

(a) 隔挡式　　(b) 隔槽式

图 4－9　隔挡式和隔槽式褶皱

4.3.5 褶皱构造的野外识别

通常认为背斜为山，向斜为谷，但实际情况要复杂得多。背斜岩层顶部受到张拉的影响，非常破碎，在长期剥蚀的情况下，不但逐渐被夷为平地，而且在一定的外力作用下，可以发展为谷地（见图4-10(a)）；而向斜的构造特征更易接受沉积，沉积物逐渐压密形成山岭（见图4-10(b)）。所以“向斜山、背斜谷”的情况在野外是比较常见的，不能完全把地形的起伏情况作为识别褶曲的主要标志。

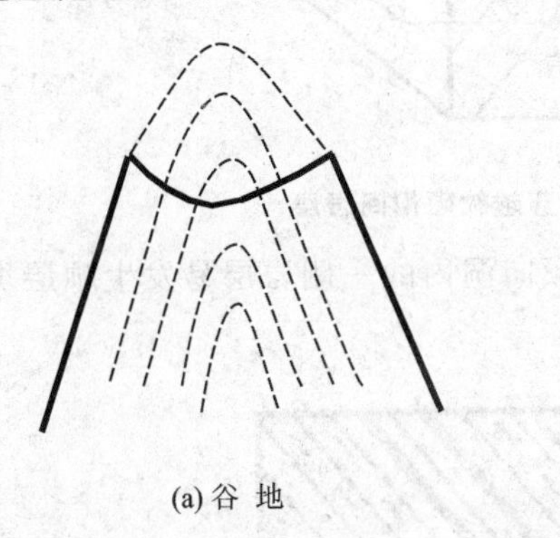
(a) 谷 地

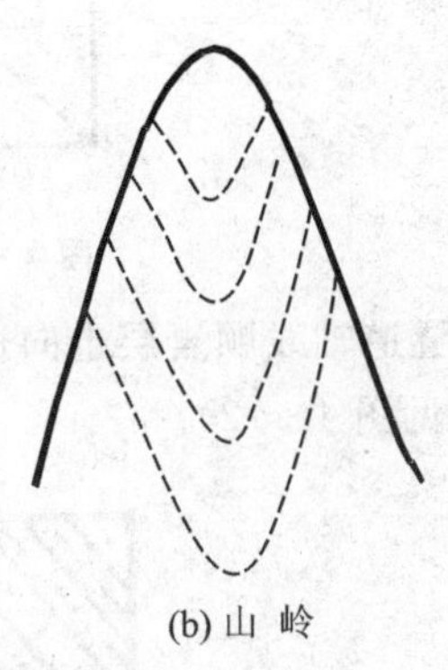
(b) 山 岭

图4-10 褶曲构造与地形

由于褶曲规模不同，识别方法也有所差别，小的褶曲可以在小范围内通过几个出露在地面的基岩露头进行观察，大的褶曲在野外需要采用穿越的方法和追索的方法进行观察。

1. 穿越法

沿着选定的调查线路，垂直岩层走向进行观察，可以了解岩层的产状、层序和新老关系。如果线路通过地带的岩层呈规律重复出现，则必为褶曲构造，再根据岩层出露的层序和新老关系判断背斜还是向斜，最后可分析两翼岩层的产状、两翼与轴面之间的关系，判断褶曲的形态类型。

2. 追索法

平行岩层走向进行观察的方法，便于查明褶曲延伸的方向和构造的变化情况。当两翼岩层在平面上彼此平行展布时为水平褶曲，如果两翼岩层在转折端闭合或呈“S”形弯曲时，则为倾伏褶曲。

4.3.6 岩层以及褶皱构造与隧道的稳定性

隧道的位置与地质构造关系密切，建造原则如下：

① 穿越水平岩层的隧道，应选择在坚硬、完整的厚岩层中，如石灰岩或砂岩。

② 在软、硬岩相间的情况下，隧道拱部应当尽量设置在硬岩中，避免在软岩中发

生坍塌。

③ 当隧道垂直穿越软硬相间的岩层时，在软岩部位的隧道拱顶常发生顺层塌方（见图 4－11）。

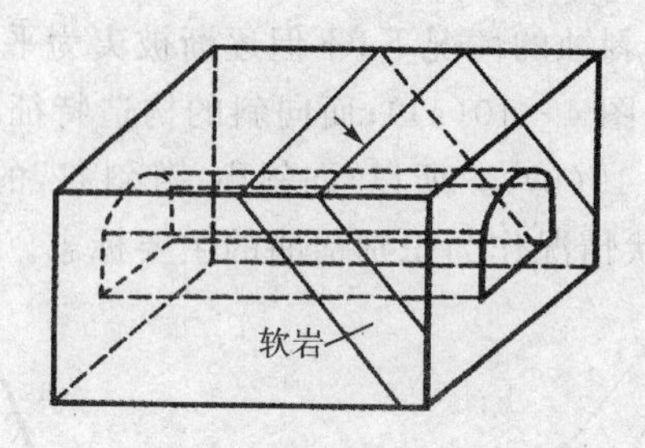

图 4－11　隧道穿越软硬相间岩层

④ 当隧道轴线顺岩层走向通过时，倾向洞内的一侧岩层易发生顺层坍滑，边墙承受偏压（见图 4－12）。

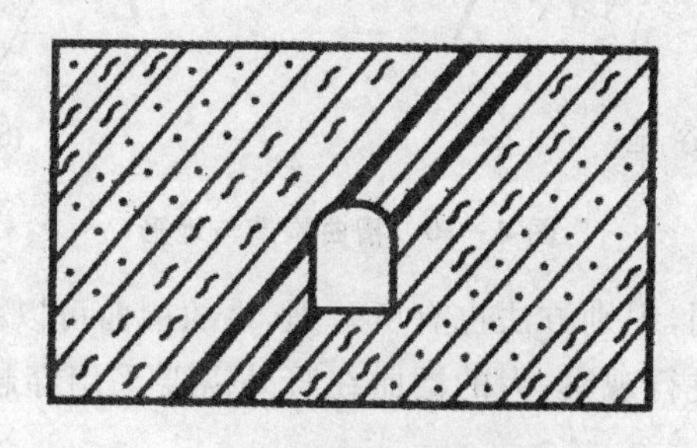

图 4－12　隧道穿越倾斜岩层

⑤ 一般情况下，隧道位置应选在褶曲的翼部，避开褶曲的轴部，因为轴部岩层弯曲破碎，节理发育，地下水常由此渗入，容易发生塌方。

⑥ 尽量使隧道横穿褶曲。

4.4　断裂构造

岩层受构造运动的作用，当所受的构造应力超过岩石强度时，岩石的完整性遭到破坏，产生断裂，称为断裂构造。按照断裂后两侧岩层沿断裂面是否有明显相对位移，可将断裂构造分为节理和断层。

4.4.1　节　理

节理是指岩层受力断开后，断裂面两侧岩体没有明显相对位移的断裂构造。节理面在空间的状态称为节理产状，其定义和测量方法与岩层产状类似。节理常把岩层分割成形状不同、大小不等的岩块，小的岩块的强度与包含节理的岩体强度明显

不同。

1. 节理的分类

(1) 按成因分类

① 原生节理,是指在岩石形成过程中生成的节理,如玄武岩的柱状节理。

② 构造节理,是指由构造运动产生的构造应力形成的节理,其分布极为广泛,具有明显的方向性和规律性。构造节理常成组出现,可将其中一个方向的一组平行破裂面称为一组节理。同一期构造应力形成的各组节理有成因上的联系,并按一定规律组合(见图 4-13),不同时期的节理对应错开。

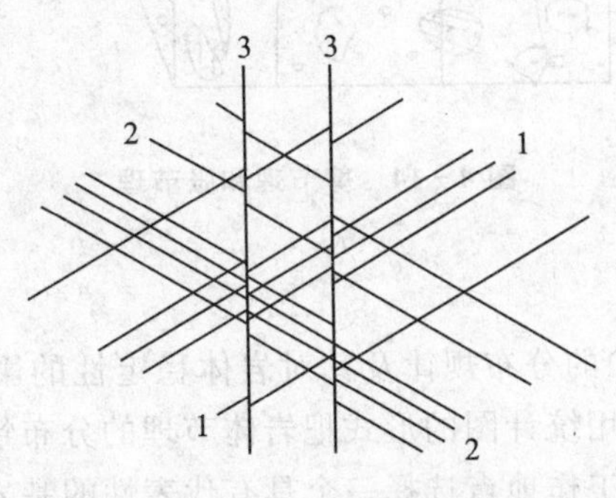

图 4-13　构造节理

③ 次生节理,是指由卸荷、风化、爆破等作用形成的节理,分别称为卸荷节理、风化节理、爆破节理等。一般分布在地表浅层,大多无方向性。

(2) 按力学性质分类

① 剪节理,是指当岩石所受的最大剪应力达到并超过岩石的抗剪强度时,产生的节理。剪节理一般为构造节理,常成对出现,成对出现的剪节理称为共轭 X 节理,由构造应力形成的剪切破裂面组成。剪节理产状稳定,沿走向和倾向延伸较远,能较平整地切割砾石和粗砂碎屑,如图 4-14 中的节理Ⅱ。剪节理一般是闭合的,节理面平坦光滑,常有滑动擦痕和擦光面。

② 张节理,由张应力作用形成,可以是构造节理,也可以是次生节理、原生节理等。张节理张开度较大,透水性好,节理面粗糙不平,产状不稳定,沿走向和倾向延伸不远即行尖灭。一般无滑动擦痕和摩擦镜面,常呈锯齿状;在砾岩中常绕开砾石,如图 4-14 中的节理Ⅰ。

(3) 按张开程度分类

① 宽张节理,裂隙宽度大于 5 mm。

② 张开节理,裂隙宽度为 3～5 mm。

③ 微张节理,裂隙宽度为 1～3 mm。

④ 闭合节理,裂隙宽度小于 1 mm。

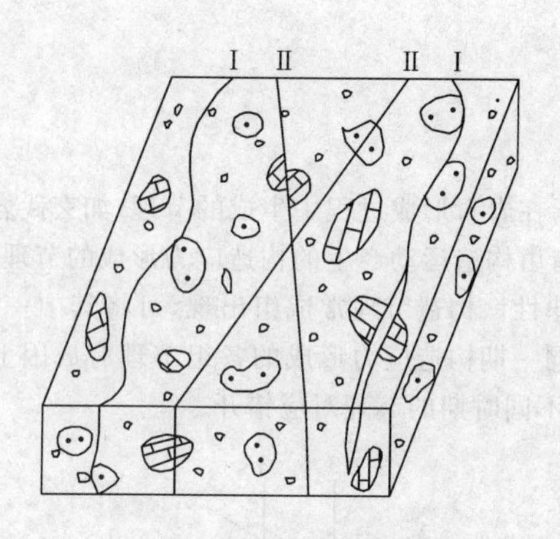

图 4-14 剪节理和张节理

2. 节理的调查

为了反映节理(裂隙)的分布规律及其对岩体稳定性的影响,需要进行野外调查和室内资料整理工作,并用统计图的形式把岩体节理的分布情况表示出来。

调查节理时,应先在工作地点选择一个具有代表性的基岩露头,对一定面积内的节理按表 4-1 所列的内容进行测量,同时注意研究节理的成因和充填情况。测量节理产状的方法和测量岩层产状的方法相同,当节理面出露不佳时,可将硬纸片插入节理,用测得的纸片产状代替节理的产状。

表 4-1 节理野外测量记录表

编 号	节理产状			长度/m	宽度/m	条 数	填充情况	节理成因类型
	走 向	倾 向	倾角/(°)					
1	NW330°	NE60°	22	1	0.2	46	裂隙面夹泥	扭性
2	NE10°	NW280°	75	0.5	0.1	17	泥岩	张性
3	NE17°	NW287°	55	5	0.5	3	无填充	剪切

3. 节理的统计和表示方法

统计节理,有各种不同的图式,节理玫瑰图是比较常用的一种,可以用节理的走向编制,也可以用节理的倾向编制,编制方法如下:

(1) 节理走向玫瑰图

在一任意半径的半圆上画上刻度网,把所测得的节理按走向以每 5°或每 10°分组,统计每一组内的节理数并算出平均走向。自圆心沿半径引射线,射线的方位代表每组节理平均走向的方位,射线的长度代表每组节理的条数,然后用折线把射线的端点连接起来,即得到节理走向玫瑰图,如图 4-15(a)所示。

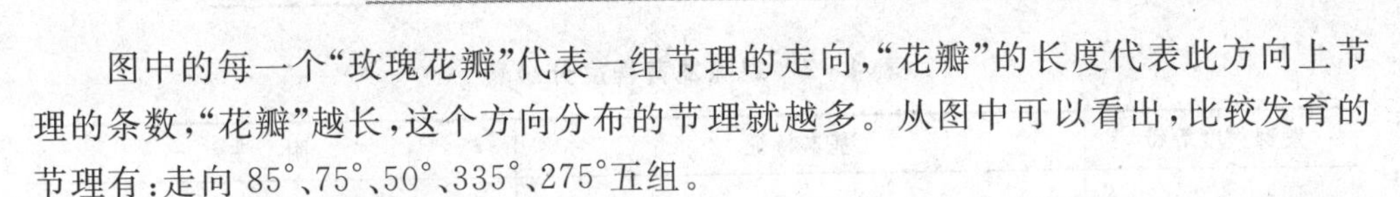

图中的每一个“玫瑰花瓣”代表一组节理的走向,“花瓣”的长度代表此方向上节理的条数,“花瓣”越长,这个方向分布的节理就越多。从图中可以看出,比较发育的节理有:走向 85°、75°、50°、335°、275°五组。

(2) 节理倾向玫瑰图

将测得的节理按倾向以每组 5°或者 10°分组,统计每一组内节理的条数,算出平均倾向。用绘制走向玫瑰图的方法,在注有方位的圆周上,根据平均倾向和节理的条数,定出各组相应的点,用折线将这些点连接起来,即得节理倾向玫瑰图,如图 4－15(b)所示。

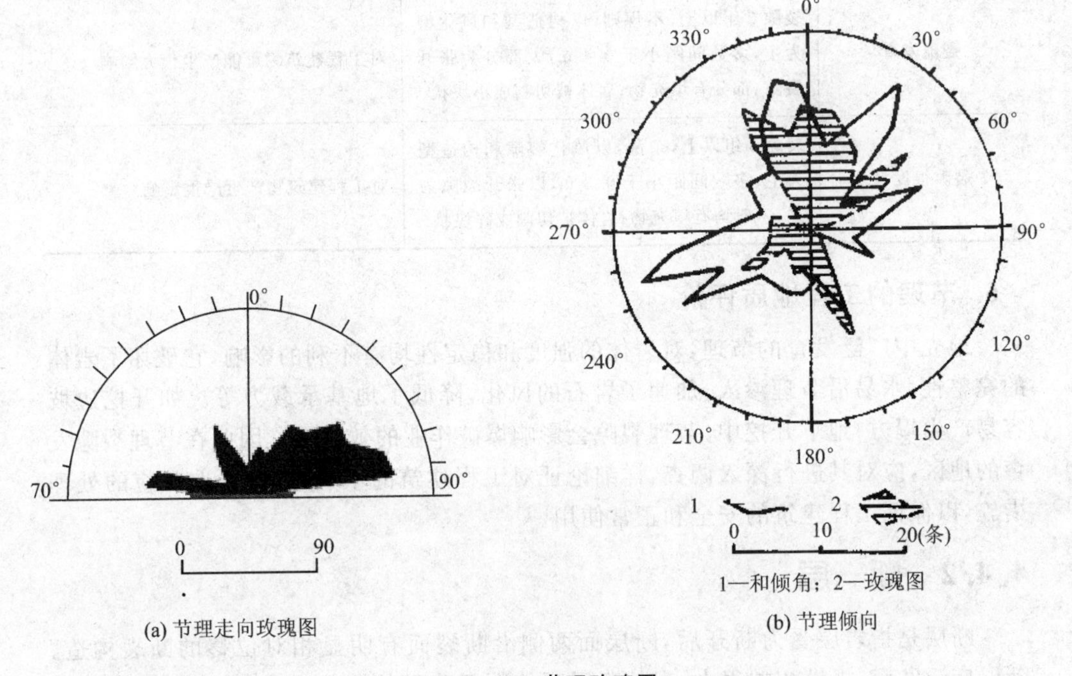

图 4－15　节理玫瑰图

如果用平均倾角表示半径方向的长度,同样可以编制节理倾角玫瑰图。

节理玫瑰图易编制,但最大的缺点是不能在同一张图上把节理的走向、倾向、倾角同时表示出来。

4. 节理的发育程度分级

节理的发育程度,在数量上常用裂隙率表示,即岩石中裂隙的体积与岩石总体积的比值,裂隙率越大,表示岩石中的节理越发育。公路工程地质常用的裂隙发育程度分级如表 4－2 所列。

表 4-2　裂隙发育程度分级表

发育程度等级	基本特征	附　注
裂隙不发育	裂隙 1～2 组，规则，构造型，间距在 1 m 以上，多为密闭裂隙；岩体被切割成巨块状	对基础工程无影响，在不含水且无其他不良因素时，对岩体稳定性影响不大
裂隙较发育	裂隙 2～3 组，呈 X 型，较规则，以构造型为主，多数间距小于 0.4 m，多为密闭裂隙，少有填充物；岩体被切割成大块状	对基础工程影响不大，对其他工程可能产生相当影响
裂隙发育	裂隙 3 组以上，不规则，以构造型和风化型为主，多数间距小于 0.4 m，大部分为张开裂隙，部分有填充物；岩体被切割成小块状	对工程建筑物可能产生很大影响
裂隙很发育	裂隙 3 组以上，杂乱，以风化裂隙和构造型为主，多数间距小于 0.2 m，以张开裂隙为主，一般均有填充物；岩体被切割成碎块状	对工程建筑物产生严重影响

5. 节理的工程地质评价

地壳中广泛发育的节理，对岩体的强度和稳定性均有不利的影响，它破坏了岩体的完整性，水易沿节理渗入，加速了岩石的风化，降低了地基承载力等。如开挖边坡容易产生塌方；地下开挖中，节理裂隙会影响爆破作业的效果等。因此在节理裂隙发育的地区，应对其进行深入调查，详细论证对工程建筑的不利影响，采取相应的处理措施，以保证工程建筑的安全和正常使用。

4.4.2 断　层

断层是指岩层受力断开后，断层面两侧沿断裂面有明显相对位移的断裂构造。断层广泛发育，规模相差很大，大的断层延伸数百公里甚至数千公里，小的断层在手标本上就能见到。有的断层切穿了地壳岩石圈，有的则发育在地表浅层。断层破坏了岩层的完整性，不仅对岩体的渗透性、稳定性以及区域稳定性有重大的影响，而且是地下水运动的良好通道和汇聚场所，在规模较大的断层附近或断层发育地区，常赋存丰富的地下水资源。

1. 断层的要素

为了阐述断层的空间分布状态和断层两侧岩层的运动特征，给断层各组成部分赋予一定的名称，称为断层要素，如图 4-16 所示。

① 断层面，是指断层两侧沿其运动的破裂面，可以是平面也可以是曲面。有些断层面是由许多破裂面组成的破碎带，甚至是一个宽度较大的破碎带。

② 断层线，是指断层面与平面或垂直面的交线，可以是直线，也可以是曲线。

③ 断盘,是指断层两侧相对移动的岩层。当断层面倾斜时,在断层面上方的称为上盘,在断层面下方的称为下盘。当断层面近于直立时,没有上下盘之分,则以断层所处的相对方位命名,如东盘、西盘。

④ 断距,是指岩层中同一点被断层断开后的位移量,沿断层面移动的直线距离称为总断距,水平分量为水平断距,垂直分量为垂直断距。

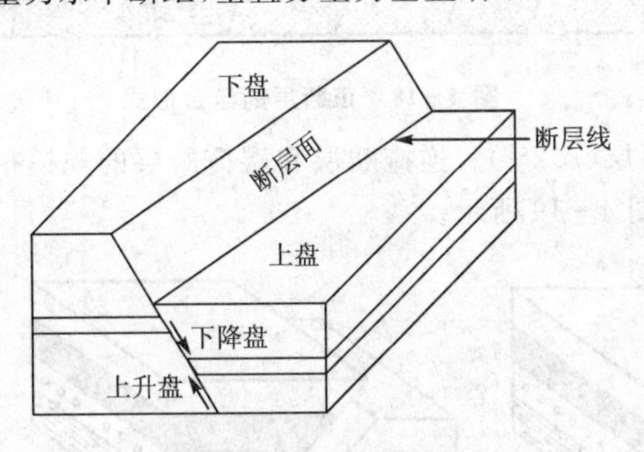

图 4-16 断层的要素

2. 断层的分类

断层的分类方法很多,通常按断层两盘相对位移关系、断层走向与褶曲轴向的关系进行分类。

(1) 按两盘相对运动方向分类

① 正断层,是指上盘相对下降,下盘相对上升的断层。正断层一般受水平张力作用或重力作用形成,在垂直于张应力的方向上发育,多呈陡直状,断层线较平直,倾角大多在 45°以上。正断层如图 4-17 所示。

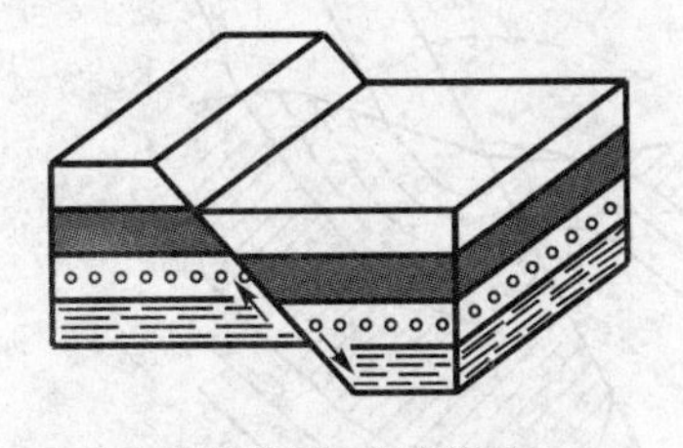

(a) 上盘顺断层面倾向滑动

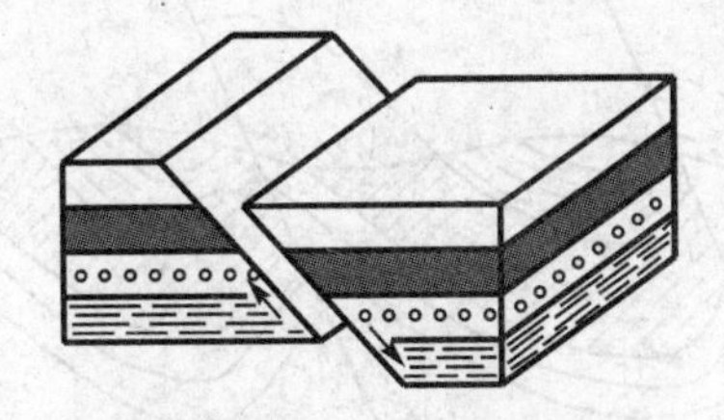

(b) 上盘顺断层面斜向滑动

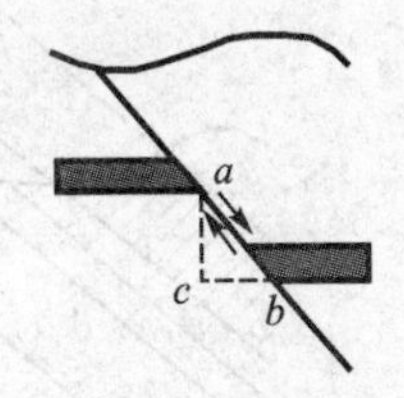

(c) 正断层剖面示意图

图 4-17 正断层

正断层可以单独出露,也可以多个组合出露,如地堑、地垒和阶梯状断层(见图 4-18)。走向大致平行的多个正断层,当中间地层为共同的下降盘时,称为地堑;当中间地层为共同的上升盘时,称为地垒。组成地堑或地垒两侧的正断层可以单条产出,也可以由多条产状近似的正断层组成,形成依次向下断落的阶梯状断层。

② 逆断层,是指上盘相对上升,下盘相对下降的断层;主要受水平挤压应力作用沿剪裂面形成,常与褶皱伴生;按断面倾角可将其划分为逆冲断层(>45°)、逆掩断层

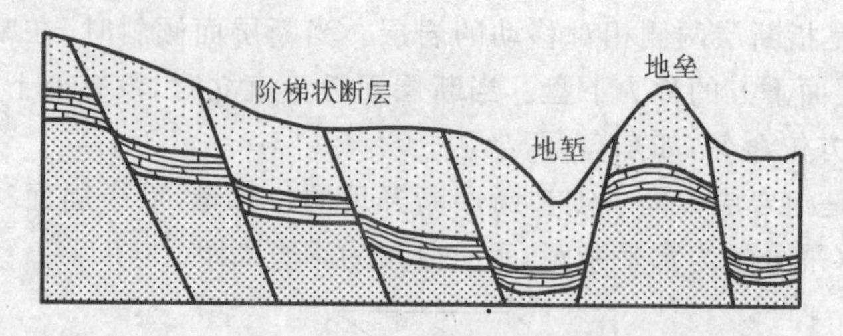

图 4-18　正断层的组合形式

(25°～45°)和碾掩断层(<25°)。逆掩断层和碾掩断层的规模很大,往往是区域性的大断层。逆断层如图 4-19 所示。

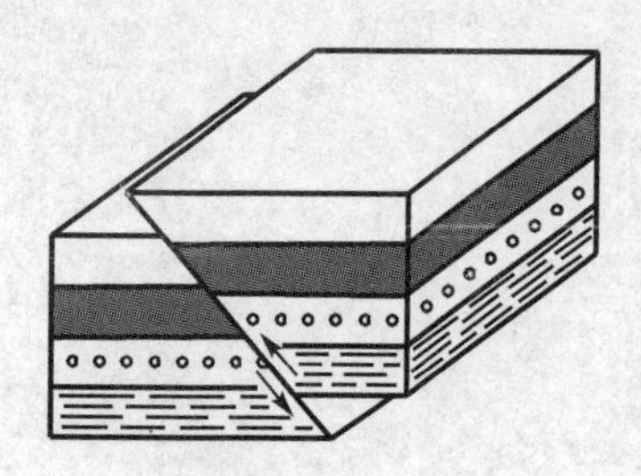

(a) 上盘顺断层面倾向向上滑动

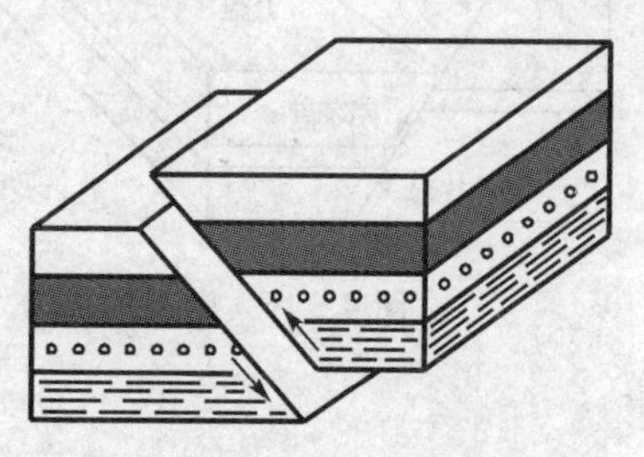

(b) 上盘顺断层面斜向向上滑动

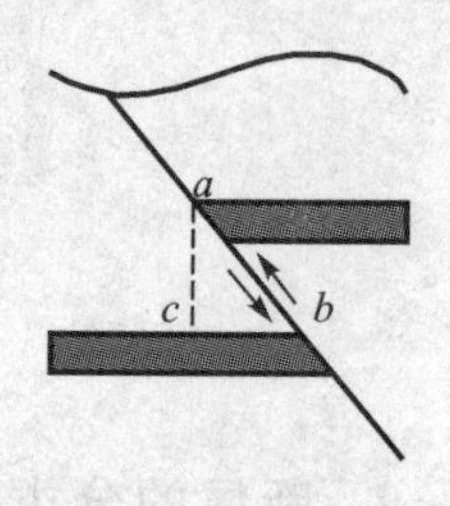

(c) 逆断层剖面示意图

图 4-19　逆断层

当一系列逆断层大致平行排列,在横剖面上看,各断层上盘依次上冲时,其组合形式称为叠瓦式断层,如图 4-20 所示。

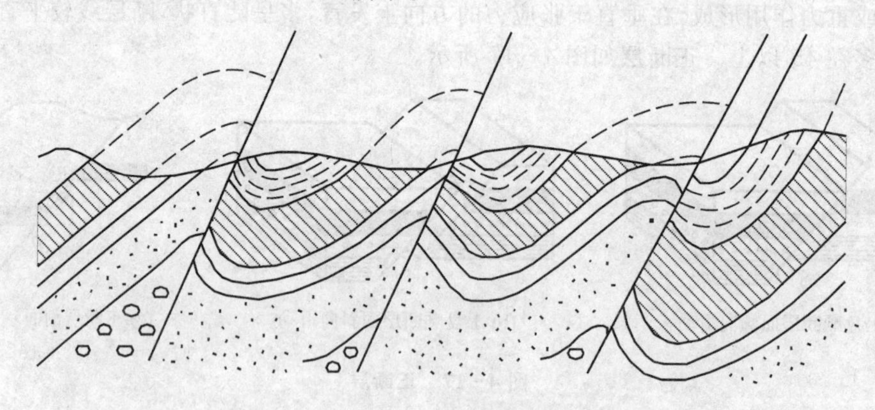

图 4-20　叠瓦式断层

③ 平移断层,是指断层两盘主要在水平方向上相对错动的断层,主要由水平剪切作用形成,断层面常陡立,断层线平直延伸远,断层面上可见近水平的擦痕。平移断层如图 4-21 所示。

正断层、逆断层、平移断层是受单向应力作用形成的,是断层的三个基本类型。野外常见到平移断层和正断层或逆断层的过渡类型,分别称为平移正断层、平移逆断

层或正平移断层、逆平移断层等。

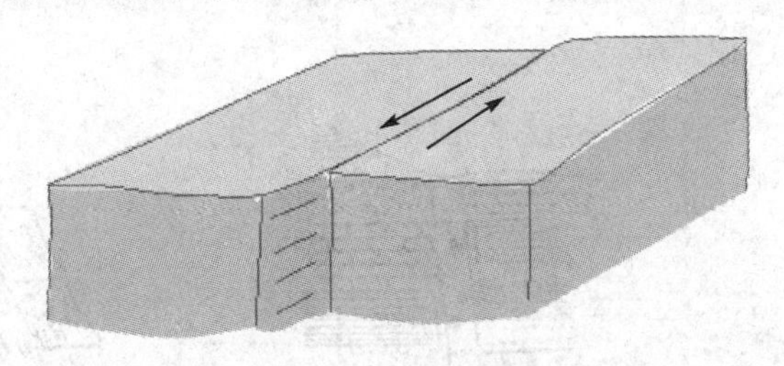

图 4-21　平移断层

(2) 按断层走向与褶曲轴的走向关系分类

① 纵断层,断层走向与褶曲轴方向一致的断层。

② 横断层,断层走向与褶曲轴方向正交的断层。

③ 斜断层,断层走向与褶皱轴方向斜交的断层。

3. 断层的野外识别

在野外若能直接见到断层面就可以肯定断层的存在,但是断层面往往不易直接观察到,需要寻找一些其他标志来识别断层。

(1) 地貌标志

① 断层通过的地方常为洼地或河谷,这是由于断层造成的破碎岩石容易被流水剥蚀和切割;但不能认为"逢沟必断"。

② 当山脊被错断、错开,河谷呈跌水瀑布,或河谷方向发生突然转折等,很可能是断层错动在地貌上的反映。

③ 时代新的断层在地貌上常形成悬崖陡壁(断层崖),断层崖经过风化侵蚀形成断层三角面地貌(见图 4-22)。

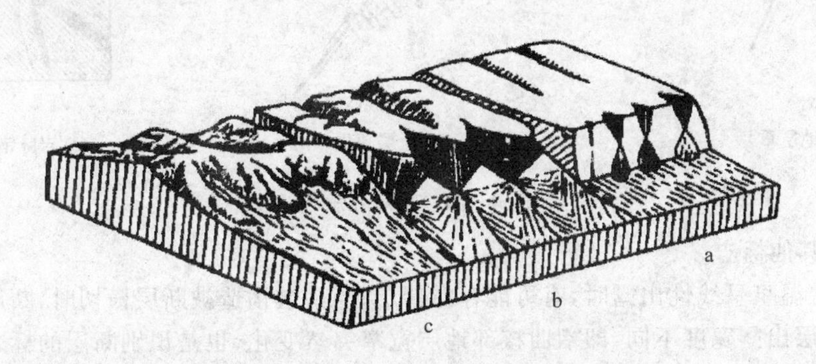

a—断层崖剥蚀成冲沟;b—冲沟扩大形成三角面;c—继续侵蚀,三角面消失

图 4-22　断层三角面形成示意图

(2) 构造标志

断层在形成过程中,由于断层两盘岩块相互挤压、错动而形成伴生构造,如岩层

牵引弯曲;断层存在角砾、糜棱岩、断层泥或断层擦痕等。断层构造标志如图 4-23 所示。

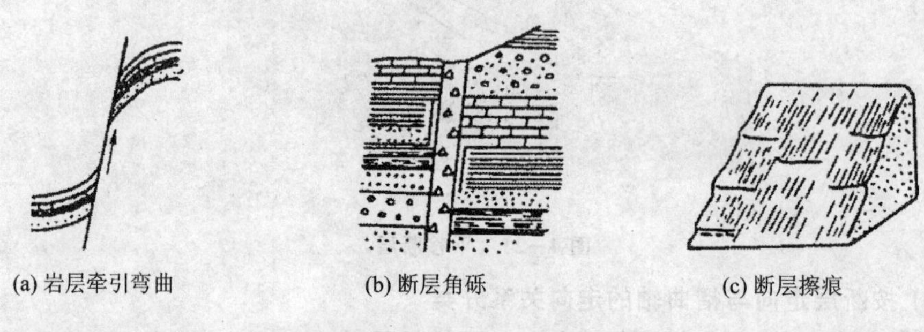

(a) 岩层牵引弯曲　　(b) 断层角砾　　(c) 断层擦痕

图 4-23　断层构造标志

岩层牵引弯曲是断层面两侧岩层因相对错动,受牵引形成的弯曲,多形成于页岩、片岩等软岩中。当断层两盘受强烈挤压相对错动时,沿断层面的岩石被研磨成的细泥称为断层泥,若被研碎成大小不一的角砾则称为断层角砾。断层两盘相对错动时,在断层面留下一条条彼此平行的密集槽纹,称为断层的擦痕。

(3) 地层标志

地层标志是确定断层存在的可靠证据,如地层发生重复、地层缺失,岩脉或矿脉被错断等。断层标志如图 4-24 所示。

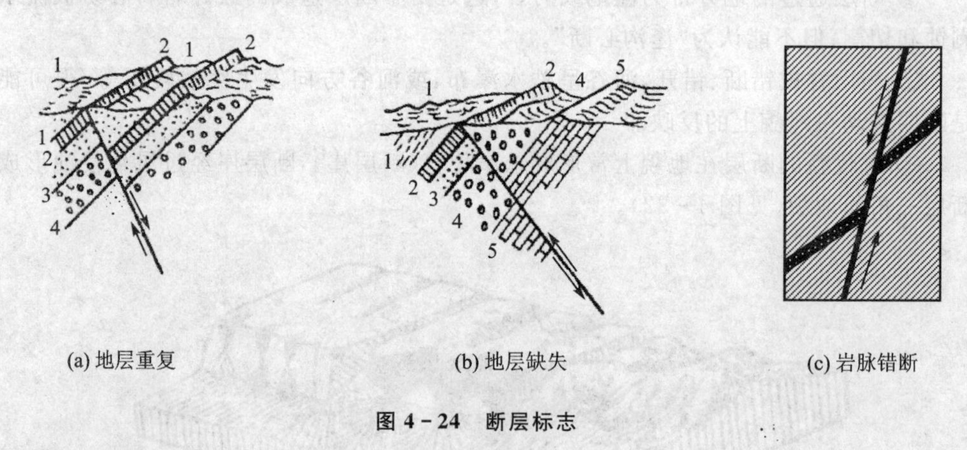

(a) 地层重复　　(b) 地层缺失　　(c) 岩脉错断

图 4-24　断层标志

(4) 其他标志

泉水、温泉呈线性出露时,有可能存在断层;当褶皱构造被断层横切时,断层面两侧核部地层出露宽度不同,即褶曲核部地层宽窄突然变化,也是识别断层的标志。

4.5　活断层

活断层,又称活动断层,是指现今仍在活动或近期有过活动,不久的将来还可能

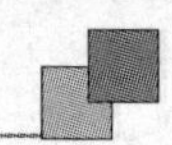

继续活动的断层,后一种断层又称潜在活动层。美国将活断层称为能动断层。各国学者对目前正在活动着的断层因有鉴别标志和佐证而无争议,但对潜在活断层的判别则有不同的见解,即对活断层活动时间的上限有不同的标准,有的将第四纪开始以来活动过的断层统称为活断层,有的将活断层的时间上限定为晚更新世,有的则定为最近 35 000 年之内,也有的认为只限于全新世之内。活断层产生错动或发生地震,会对工程建筑造成很大的危害。工程活断层是指在工程使用期或寿期内(一般 50～100 年),可能影响和危害工程安全的活断层。

4.5.1 活断层的分类

1. 按两盘的错动方向分类

① 走向滑动断层(平移断层),是指相对位移方向与断层走向平行的断层,又可细分为左旋断层和右旋断层。此类断层最为常见,断层面陡倾或直立,平直延伸,部分规模很大,断层中常积蓄较高的能量,可以引发高等级地震。

② 倾向滑动断层,指两盘沿断层面的倾斜线有相对位移的断层,又可细分为正断层和逆断层。

逆断层的构造应力状态是 σ_1 近水平、σ_3 近竖直,断层面与水平面的夹角一般小于 45°,且往往呈舒缓波状。逆断层的上盘(上升盘)分支和次生断裂往往比较发育,岩性破碎,地表变形强烈,这类断层规模都很大,可达数千公里,断层带也很宽。世界上许多大的地震都是伴随着逆断层的错动产生的,这类逆断层有时地表变形范围很大,如 1964 年阿拉斯加地震时,地表 $2\times10^5\ km^2$ 的范围发生变形,最大垂直上升达到 12 m。

正断层的构造应力状态是 σ_1 近竖直,σ_3 近水平,断层面与水平面的夹角一般大于 45°,且往往呈参差状,断层带较宽。正断层的上盘(下降盘)分支和次生断裂往往也较为发育,岩性破碎,地表变形强烈。正断层活动所产生的地震较逆断层和平移断层要少得多,且震级相对也较小。

2. 按活动性质分类

① 蠕滑型断层,也称蠕变断层,是指断层两侧的岩层连续缓慢地滑动。蠕滑型断层围岩强度低,断裂带内常含有软弱充填物,不能积累较大的应变能,在受力过程中会持续不断地相互错动而缓慢滑动。

② 粘滑型断层,也称发震断层,以地震方式产生间歇性的突然滑动。粘滑型断层的围岩强度高,两盘粘在一起,不产生或仅有极其微弱的相互错动,从而不断积累应变能,当应力达到围岩的强度极限后,较大幅度的相互错动在瞬间突然发生,引发地震。

粘滑型断层有两种情况,一种是断层错动引发地震的发震断层;另一种情况是因地震引起老断层错动产生的新断层。世界上著名的破坏性地震所产生的地表新断层与原来存在的断层走向基本一致或完全重合，如1906年美国旧金山发生的8.3级地震，沿圣安德列斯断层产生了450 km的地表破裂；我国1920年的宁夏海原地震、1931年的新疆富蕴地震、1932年的甘肃昌马地震、1970年的云南通海地震等，都产生了与原断层大体重合的新断层。

3. 按活动速率分类

单位时间内，断层的滑动量称为断层的滑动速率，常以mm/a表示。地形地貌法和地震考古是确定地质历史时期断层平均活动速率最常用的方法。

断裂现代活动速率是用现代仪器测量确定的，在我国的一些活动性较强的断裂上都布设有短水准、短基线水准测量网和三角观测网，可获得较高精度的数据，值得注意的是，在城市由于人为活动的附加作用，使得断层活动的速率有增大的趋势。

地震断层两次突然错动的时间间隔就是活断层的错动周期，根据错动速率的大小，一般将活断层分为AA、A、B、C、D五级，如表4-3所列。

表4-3　活断层的分类

分　级	AA	A	B	C	D
速率/($mm \cdot a^{-1}$)	>10	1～10	0.1～1	0.01～0.1	<0.01

4.5.2　活断层的特点

1. 继承性

活断层绝大多数都有沿老断层发生新错动位移的特征，这叫做活断层的继承性。继承性尤其是在区域性的深大断裂中更为常见。活动方式和方向相同也是继承性的另一个显著特点。形成时代越新的断层，继承性越强，研究发现，现时发生断裂破坏的地段过去曾多次反复发生同样的断裂运动。一些活动构造带的古地震震中，总是沿活动性断裂有规律地分布，岩性和地貌错动反复发生，累计叠加。

2. 反复性

和其他构造运动一样，活断层运动往往经历活动—平静—再活动的过程，这种重复周期一般就是活断层的周期。活断层错动时，常常伴有地震发生，地震活动具有分期分幕现象。我国上千年来的地震记录所反映出的强震活动期、幕，实际就是断层的活动期、幕，所以活断层上的大地震重复间隔，就代表了该断层的活动周期。

4.5.3　我国活断层的分布特点

板块间巨大而持续的相互作用控制着我国的现代地应力场和构造变形。P. Molnar（莫尔纳）等人提出的一种与大陆碰撞相联系的滑线场理论，较好地解释了我国境内现代地应力场空间分布和活断层的空间分布规律。我国的西南、西北和华

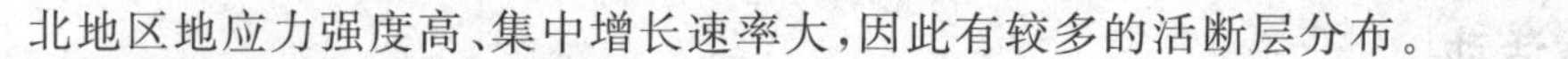

北地区地应力强度高、集中增长速率大,因此有较多的活断层分布。

我国的活断层分布总体上继承了老的断裂构造,尤其是中生代和第二、三纪以来断裂的格架,这些老断裂处于活动性较强的现代地应力场中,有利于其继续活动,其在活动过程中还一定程度上发育了新的活动部位并形成新的破裂面。根据活断层的类型和活动方向,可大致以东经105°为分界线分为东、西两部分,东部以NE和NNE走向的正断层和走滑断层(规模巨大的平移断层)为主,西部则以NW和NWW走向的逆冲断层和走滑断层为主。

我国西部青藏高原的四周被一系列强烈活动的巨大逆冲断层或走滑断层所围限,在高原内部发育着一系列NW或近EW的大型左旋走滑活动断层,清楚地反映出由于近南北向挤压造成的青藏高原内部各个块体间不均匀的侧向滑移。

4.5.4 活断层的识别标志

活断层是活动在最新地质时期内的断层,相对老断层来讲,在地质地貌和水文地质方面的特征更为清晰,可以根据下列特征进行鉴别。

1. 地质方面

保留在最新沉积物中的地层错开是鉴别活断层最可靠的依据。

2. 地貌方面

通常情况下,活断层的地貌格局清晰,有许多的鉴别标志:

① 地形变化差异大,山口峡谷多、深且狭长,新的断层崖和三角山面的连续出现。

② 断层形成的陡坎山脚,常有狭长洼地和沼泽。

③ 断层形成的陡坎山前的第四纪堆积物厚度大,山前洪积扇特别高或者特别低,与山体不对称,在峡谷出口处的洪积扇呈叠置式、线性排列。

④ 沿断裂带有串珠泉出露,若为温泉,则水温和矿化度较高。

⑤ 断裂带有植物突然干枯死亡或生长有特别罕见的植物。

⑥ 第四纪火山锥、熔岩呈线性分布。

⑦ 建筑物地基发生倾斜或错开现象。

3. 水文地质方面

活动断裂带的土石裂隙和孔隙发育,岩层的透水性和导水性增强,常形成脉状含水层,因而当地形地貌条件合适时,沿断裂带会有泉水成线性分布且植被发育。由于活断层一般比较深大,地下水在循环交替过程中能携带深部的某些化学成分,主要表现为某些微量元素含量的显著增加,比如氡、氦、硼、溴等,因此也可根据地下水这些微量元素的异常探测活断层。

4. 地震活动

历史上的有关地震和地表错断也是鉴别活断层的依据。

5. 微震及地形变

采用重复式精密水准测量、GPS、干涉测量技术等精密测量技术获得变形数据，依此可判定无震的蠕滑型断层或突发地震断层的活动性。通过区域精密测量技术所得的垂直变形可以探求活断层不同地段两盘相对升降活动的趋势和幅度。利用GPS复测所得的水平变形资料不仅可探求活断层的走滑趋势和幅度，还可获得主压应力的方向。

4.5.5 活断层的基本研究方法

在有活断层分布的地区建设城市和兴建重要土木工程结构时，为设防需要专门对活断层进行工程地质研究，主要内容包括活断层的展布、活动特点和监测等，若伴有地震活动则应进行地震的危险性研究。

对活断层进行研究，首先应调查其展布情况，即活断层的位置、方向、长度等，由于活断层的产生、活动与区域地质和大地构造有密切的联系，因此要在较大的地域范围内进行调查。活断层可根据已有的区域地质、航磁和重力异常资料与卫星影像、航空照片进行对照并作出初步判断，进而勾画出所有可能对场地有影响的活断层。

由于活断层控制和改造了地貌以及水系格局，因此在卫(航)片上仔细研究结构地貌、水系格局及演变行迹可以揭示活断层。断层活动时代越新、越强烈则显示越清晰。对松散沉积物掩盖区的隐伏活断层采用卫(航)片进行判断时常能取得较好的效果。

近几十年来，国外采用一种低阳光角航空照片用来专门判断活断层的存在，这种方法选择在一定季节的早晨或傍晚，使阳光以低角度垂直断层走向，由上升盘扫向下降盘，以加强活断层断崖、三角面等的阴影效应，它对于发现位移量较小的活断层也是有效的。在卫(航)片判断的基础上，还要进行区域性踏勘进一步验证判断结果，一般根据活断层的地质、地貌和水文地质鉴别标志来进行，并应进一步加强研究的精细化。研究范围应视工程建筑要求而定，如核电站的研究范围应为场地中心为圆心，半径为300 km的范围。

对建筑场地内及其附近的活断层同样需进行详尽的研究，以确定活断层近期及现时活动的参数，如活动时间、错动方向与距离、错动速率与周期等。

4.5.6 活断层地区的建筑设计原则

活断层地面错动或突发地震对土木工程结构带来直接的损害，因此在断层发育地区进行建筑时必须对厂址选择、土木工程结构型式、结构设计等进行慎重研究，以确保土木工程结构的安全和可靠。对于不同的建筑物主要有以下原则：

① 在活断层区，应采取与之相适宜的建筑型式和结构措施。

② 场址一般应避开活动断裂带，尤其是大坝、核电站等重要的永久性结构。

③ 通常情况下，活断层修建的水坝不宜采用混凝土重力坝和拱坝，而宜采用堆石坝等散体堆填坝。

④ 铁路、公路、渠道、桥隧等线性工程必须跨越活断层时，应大角度相交。

⑤ 有些重大工程必须在活断层发育区修建时，应在不稳定地块中寻找相对稳定的地段，即所谓的“安全岛”作为建筑场地，同时应尽量将重大的土木工程结构布置在断层的下盘，且应位于大断裂主断面数千米以外。

4.6　地质图

地质图是用规定的图例、符号和颜色来反映一个地区地质现象和地质条件的图件，是依据野外实测的地质资料，按一定比例投影在地形底图上编制而成的，是地质勘察工作的重要成果之一。工程建设中的规划、设计和施工阶段，都需要以地质勘测资料为依据，而地质图是综合了各项勘测资料编绘而成的，是可以直接利用的重要图件资料。

4.6.1　地质图的种类

地质图的种类繁多，由于建设的目的不同，其反映的地质内容也各有侧重，下面介绍几种工程中常用的地质图。

1. 普通地质图

普通地质图又称地形地质图，是表示某地区地形、地层岩性和地质构造条件的基本图件。普通地质图把出露于地表的不同地质时代的地层分界线、主要构造线等地质界线投影在地形图上，包括地质平面图、地质剖面图和综合地层柱状图。

① 地质平面图，是用各种图例表明野外得到的各种地质资料，如地貌、地层、地质构造、自然地质作用、水文地质作用等条件。

② 地质剖面图，反映深部地层和地质构造的图件。

③ 综合地层柱状图，是按一定比例尺和图例综合反映测区内地层层序、厚度、岩性特征和区域地质发展史的柱状剖面图。

2. 工程地质图

工程地质图是按比例尺表示工程地质条件在一定区域或建筑区内的空间分布及其相互关系的图件，是结合地质工程建筑需要的指标测绘和编制的地质图。

3. 第四纪地质图

第四纪地质图是指用不同的颜色、花纹和符号，将一定地区第四纪沉积物的成因类型、第四纪地层与第四纪火山岩的岩性和时代，以及第四纪地质构造等现象，填绘在一定比例尺的地形图上，称为普通第四纪地质图或区域第四纪地质图。

4. 水文地质图

水文地质图是指反映某地区的地下水分布、埋藏、形成、转化及其动态特征的地质图件，主要表示地下水类型、产状、性质及其储量分布状况等的地图，是某地区水文地质调查研究成果的主要表示形式。

上述各类地质图都应包括图名、图例、比例尺、方向和责任表等，其中图例严格要求自上而下或自左而右，地层从新到老进行排列，先地层、岩浆岩，后地质构造等。

4.6.2 地质图的比例

比例尺是反映图件精度的指标，比例尺越大图件的精度越高，对所反映的内容越详细越准确。地质图按比例尺可分为：小比例尺地质图（小于 1:200 000～1:1 000 000），中比例尺地质图（1:50 000～1:100 000），大比例尺地质图（大于 1:1 000～1:25 000）。

4.6.3 地质构造的表示

1. 水平岩层

地形等高线是指地面上高程相等的各相邻点所连成的闭合曲线，水平岩层的岩层界线与地形等高线平行或重合。水平岩层如图 4－25 所示。

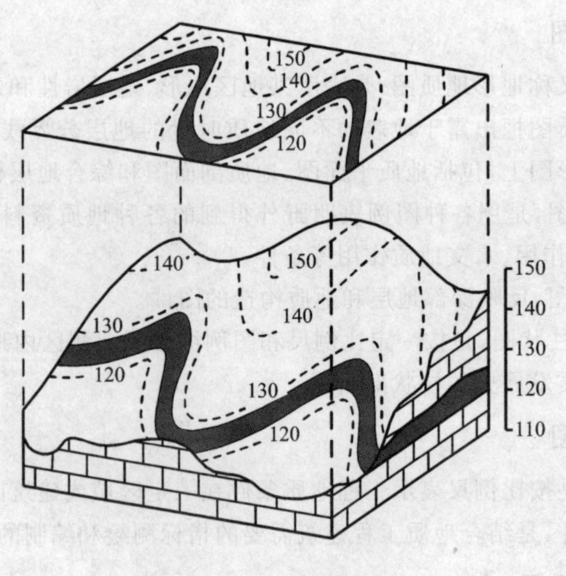

图 4－25 水平岩层

2. 倾斜岩层

倾斜岩层的分界线在地质图上是一条与地形等高线相交呈“V”或“U”字的曲线（见图 4－26）。在地质图上的“V”字形特点也有所不同如下：

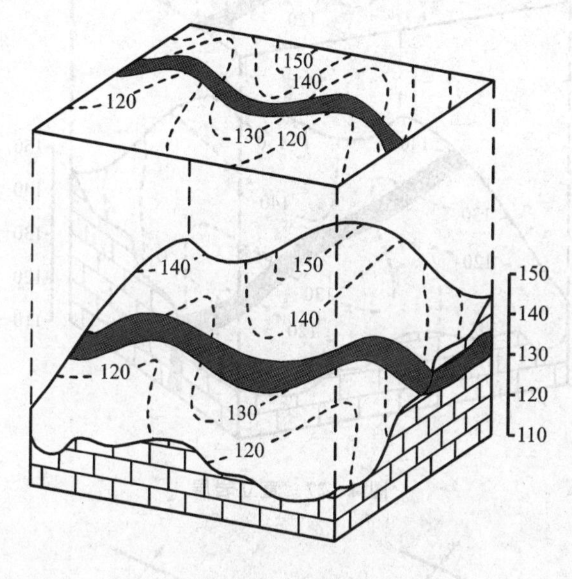

图 4－26　倾斜岩层

① 当岩层或地质界面的倾向与地面坡向相反时，岩层露头或地质界面露头线的弯曲方向与地形等高线一致。在河谷中，“V”字形的尖端指向河谷上游。

② 当岩层或地质界面的倾向与地面坡向一致时，若岩层倾角大于地面坡度，则岩层或地质界面露头线的弯曲方向与地形等高线的弯曲方向相反。岩层或地质界面的露头，在河谷中形成尖端指向下游的“V”字形。

③ 当岩层或地质界面的倾向与地面坡向一致时，若岩层倾角小于地面坡度，则岩层或地质界面露头线的弯曲与地形等高线的弯曲相似。岩层露头在河谷中形成尖端指向上游的“V”字形。

岩层同样可通过图例来识别，如符号“⅄”，长线表示走向，短线表示倾向。

3. 直立岩层

直立岩层的岩层界线不受地形等高线的影响，沿走向呈直线延伸（见图 4－27）。

4. 褶　曲

一般根据图例识别褶曲（见图 4－28），若没有图例符号，则需根据岩层新、老对称分布关系确定。

5. 断　层

根据图例符号识别断层，若无图例符号，则根据岩层分布重复、缺失、中断、宽窄

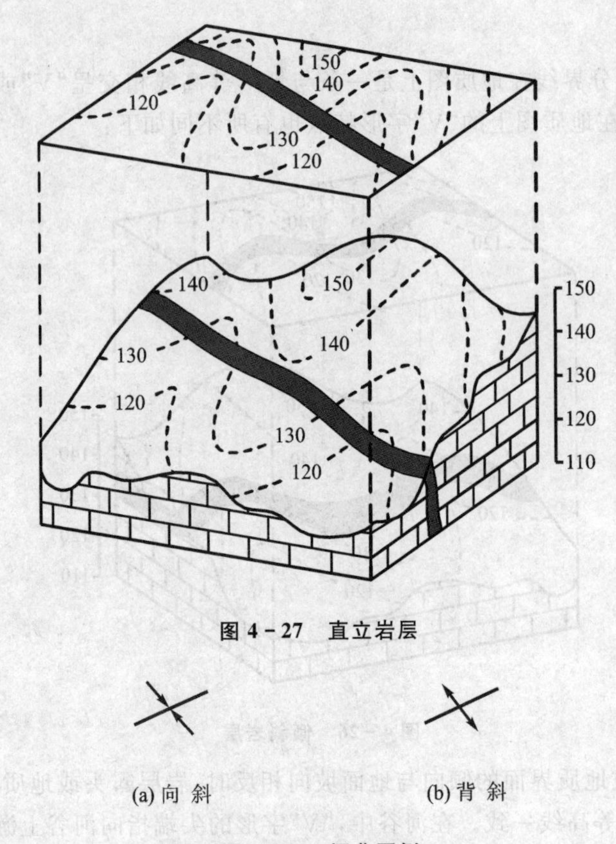

图 4－27　直立岩层

(a) 向 斜　　(b) 背 斜

图 4－28　褶曲图例

变化和错动等现象识别。断层图例如图 4－29 所示。

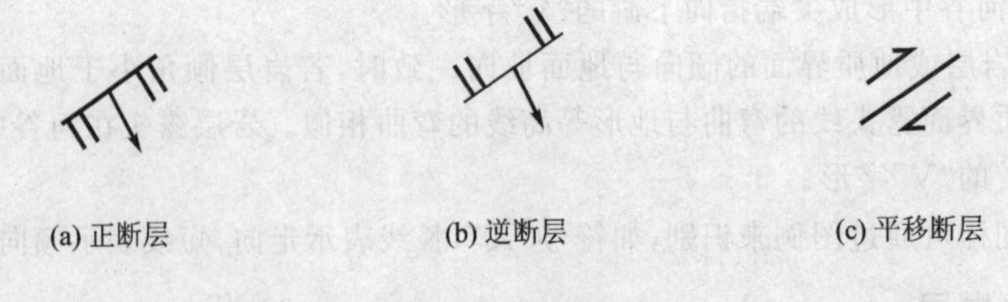

(a) 正断层　　(b) 逆断层　　(c) 平移断层

图 4－29　断层图例

6. 地层接触关系

整合、平行不整合在地质图上的表现是相邻岩层的界线弯曲特征一致，前者岩层时代连续，后者时代不连续。角度不整合在地质图上的特征是新岩层的分界线遮断了老岩层的分界线。侵入接触使沉积岩层界线在侵入体出露处中断，但在侵入体两侧无错动；沉积接触表现出侵入体被沉积岩层覆盖中断。

4.6.4 读图步骤

① 先看图名、比例尺以及区域范围。对地质图所包含的区域建立整体概念，了解图幅的位置，识别方位，一般以指北箭头为依据，若无指向，则以上方为正北，或根据坐标确定方位。

② 阅读图例。平面图、剖面图和柱状图上的图例都是一致的。地质图的图例绘在图框的右侧，自上而下按由新到老的年代顺序列出图中所有地层符号、地质构造符号等。此时需注意是否有地层缺失现象。

③ 分析地貌。通过地形等高线与河流水系的分布特点，了解区内山川形势、地势的起伏、地貌形态特征等。

④ 了解地层分布和岩性。对照图例，阅读地层的分布、产状、新老关系以及与地形的关系。

⑤ 构造类型。通过图例了解构造的分布，如断层、褶曲的类型、规模、分布等，本区的构造线走向以及地形关系等。

⑥ 岩浆岩。若区内有岩浆沿出露，应弄清楚岩浆活动的时代，侵入或喷发的顺序，然后根据岩浆体产出及形态特征确定产状。

⑦ 评价。根据图内出现的地质条件，对建筑物场地的稳定性进行初评。

思考题

1. 地质构造主要有哪几种类型？
2. 岩层产状的三要素是什么？如何测定？表示方式有哪几种？
3. 简述岩层产状与边坡稳定性的关系。
4. 什么是背斜？什么是向斜？它们的组成要素有哪些？
5. 举例简述褶皱构造对隧道稳定性的影响。
6. 什么是节理？简述节理玫瑰花图的制作步骤。
7. 什么是断层？有哪些分类？
8. 如何在野外识别断层？
9. 什么是活断层？有哪些分类？
10. 活断层有哪些特点？
11. 活断层的识别标志有哪些？
12. 活断层地区建筑设计的原则是什么？
13. 常见的地质图有哪些？
14. 简述地质图读图步骤。

15. 根据图 4-30,查阅地质年代表填空。

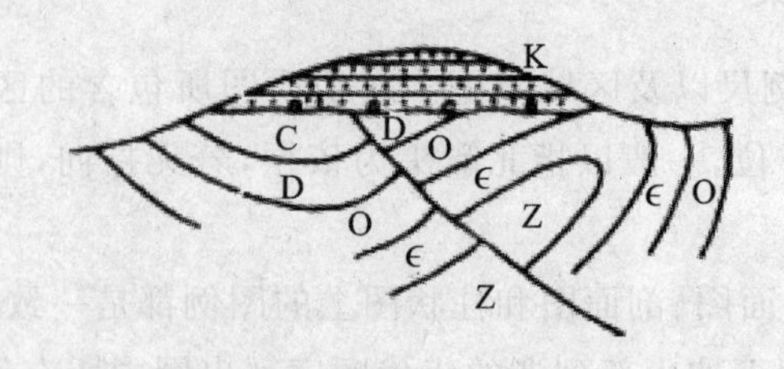

图 4-30 思考题 15 用图

(1) K 地层与其下岩层的接触关系是(　　　)。

(2) C 地层和 D 地层的接触关系是(　　　)。

(3) D 地层和 O 地层的接触关系是(　　　)。

(4) 断层上盘的褶曲是(　　　),下盘的褶曲是(　　　),根据轴面产状,断层上盘的褶曲属于(　　　)褶曲。

(5) 按断层两盘相对运动方向,该地区发育的断层属于(　　　)断层。

第5章 地表水与地下水

5.1 地表水的地质作用

在大陆上有两种地表流水，一种是时有时无的，如雨水、融雪水及山洪急流，只在降雨或者积雪融化时产生，称为暂时性流水；另一种是终年流动不息的，如河水、江水称为长期性流水。不论长期流水或暂时流水，在流动过程中都要与地表的岩土体发生相互作用，产生侵蚀、搬运和堆积作用，形成各种地貌和不同的松散沉积层，因此地表水地质作用可分为暂时性流水地质作用和经常性流水地质作用。

5.1.1 暂时性流水的动力作用及地貌

1. 面状洗刷作用及坡积裙地貌

大气降雨或冰雪融化后，在倾斜地面上所形成的面状流水称为片流，片流对整个坡面进行的比较均匀缓慢的、短期内并不显著的动力作用，称为面状洗刷作用。

片流实质是由无数细小的股流组成，无固定流路，沿坡面呈网状流动，时而冲刷，时而沉积，不断使坡面的风化岩屑和粘土物质沿斜坡向下移动，最后在坡脚或山坡低凹处沉积下来形成坡积层。

面状洗刷作用的强度和规模在一定的气候条件下与山坡的岩性、风化程度和坡面植被覆盖程度密切相关。一般在植被覆盖少的土质山坡或风化程度高的岩质山坡上，面状洗刷作用强烈，会造成严重的水土流失。面状洗刷作用一方面使山坡地貌逐渐变缓，夷平起伏的坡面；一方面产生松散的堆积物，形成坡积层。坡积层第四纪是第四纪陆相沉积物中的一种成因类型，它顺着坡面沿山坡的坡脚或山坡的凹坡呈缓倾斜裙状分布，称为坡积裙地貌。

坡积层的组成物质未经长途搬运，碎屑呈棱角状，分选性差，一般都是天然孔隙度高的含有棱角状碎石的亚粘土。由于是间歇性的堆积，有时会有一些不太明显的倾斜层理，坡积层与下伏基岩没有成因上的直接联系。

在山区，铁路和公路的傍坡路线挖方边坡的破坏常发生在坡积层中，主要影响因素是下伏基岩顶面的倾斜程度、下伏基岩与坡积层接触带的含水情况以及坡积层本身的性质。

2. 山洪急流及洪积扇地貌

洪流的地质作用也称为冲刷作用，一般由暂时性的暴雨形成，沿凹形汇水斜坡向下倾泻，具有较大的流量和流速，在流动过程中发生显著的线状冲刷作用，形成冲沟，并把冲刷下来的碎屑物质夹带到山麓平原或沟谷口堆积下来，形成洪积层。由于山洪急流的长期作用，在沟口一带堆积的洪积层呈扇形展布，形成洪积扇地貌。洪积扇的规模逐渐扩大，有时与相邻沟谷的洪积扇连接起来形成规模更大的洪积裙，或洪积平原地貌。

山洪急流形成的冲沟，广泛发育于土质疏松、缺少植被和暴雨较多地区的斜坡，例如我国西北黄土高原地区是冲沟发育比较典型的地区。

洪积层是第四纪陆相沉积物中的一种类型，物质组成复杂，分选性差，碎屑物多呈棱角状，有不规则的交错层理，层位不稳定，有透镜体，含夹层。靠近山谷沟口的粗碎屑沉积物孔隙大，透水性强；地下水埋藏深，压缩性小，有较高的承载力，是良好的天然地基。洪积层外围地段细碎屑沉积物，如果在沉积过程中受到周期性的干燥粘土颗粒凝聚析出可溶盐分时，则其结构较密实，承载力较高；在沟口至外围的过渡带，因常有地下水溢出，水文地质条件差，对工程建筑不利。

5.1.2 经常性流水的地质作用

最常见的经常性流水是河流，河水通过侵蚀、搬运、堆积作用形成河床，并使河床的形态不断发生变化，河床形态的变化反过来又影响着河水的流速场，从而促使河床发生新的变化。河流的侵蚀、搬运和堆积作用，是河水与河床平衡不断发展的结果。

在一定的地质条件下，河流地质作用的能量与河水的动能有关，河水的动能公式为 $E=\frac{1}{2}mv^2$，其中 m 是流水的质量，v 是流速，主要受水力坡度的影响，水力坡度越大，流速越大，动能也就越大。流水的动能消耗主要包括以下三个方面：

① 水的粘滞性、紊流、环流、波浪以及漩涡等，可用 T_n 表示。

② 侵蚀作用，可用 T_p 表示。

③ 搬运作用，可用 T_k 表示。

总消耗能 $T=T_n+T_p+T_k$，当 $T=E$ 时，则流水的总能量消耗与流水的能量达

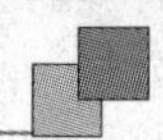

到均衡；当 T_n 值减少时，流水的侵蚀能力加强，并且加大了对物质的搬运能力；当流水的能量不足以搬运所携带的物质时就会发生沉积作用。因此河流的地质作用包括侵蚀作用、搬运作用和沉积作用三种。

1. 河流的侵蚀作用

河水在流动过程中不断加深和拓宽河床的作用称为河流的侵蚀作用，按其作用方式可分为化学溶蚀和机械侵蚀两种。

河流的机械侵蚀是河谷地质发展过程中的一个重要现象，对工程地质来说，由于流水的机械侵蚀作用，可使河床移动、河谷变形，也可使河岸冲刷破坏，严重威胁着河谷两岸建筑物和构筑物的安全，因此分析水流对河床的侵蚀作用十分重要。河流的侵蚀作用按作用方向分为下蚀作用和侧蚀作用。

(1) 下蚀作用

河水在流动过程使河床逐渐下切加深的作用，称为河流的下蚀作用。河水夹带固体物质对河床的机械破坏，是使河床下蚀的主要因素，其作用强度取决于河水的流速和流量，同时也与河床的岩性和地质构造有密切关系。当河水的流速和流量大时，下蚀作用的能量也大。如果组成河床的岩石坚硬无构造破坏现象，则会抑制河水对河床的下切速度；如果岩性松软或受到构造作用的破坏，则下蚀易于进行，河床下切过程加速。

下蚀作用使河床不断加深，切割成槽形凹地，形成河谷。在山区，河流下蚀作用强烈，可形成深而窄的峡谷，如滇西北的金沙江河谷，下蚀速度为 60 cm/千年；北美科罗拉多河谷，下蚀速度为 40 cm/千年。

(2) 侧蚀作用

河水在流动过程中，一方面不断加深河床，同时也不断冲刷河床两岸，这种使河床不断加宽的作用，称为河流的侧蚀作用。河水在运动过程中的横向环流作用是促使河流产生侧蚀的主要因素。此外，如果河水受支流或支沟排泄的洪积物以及其他重力堆积物的影响，致使主流流向发生变化，则对河床两岸产生局部冲刷，这也是一种在特殊条件下产生的河流侧蚀现象。

天然河道上能形成横向环流的地方很多，以河曲部分最为显著。产生横向环流的原因主要与河道弯曲处水流的离心力和地球自转产生的惯性力有关，实际观测证明，河流中最大流速在水面以下 0.3 倍水深处，最大流速各点的连线叫做主流线，在平面上与河床最深处的延伸方向是一致的，主流线上的动能最大。

平直河道主流线位于中央，流速大，水位较两侧略低，水流从两岸斜向流回主流线，然后变为下降水流沿河底分别流回两岸，形成向下游推进的螺旋形对称横向环流，流动过程中，河流发生弯曲。在弯曲的河道中，主流线交错地偏向河流的左岸或右岸，于是对称的横向环流遭到破坏，形成主流线偏向凹岸的单向横向环流。横向环流引起凹岸侧向侵蚀冲刷，岸坡下部被掏空，上部失稳垮落，致使河流不断向凹岸及下游推移。侧蚀作用的产物随横向环流的底流不断在凸岸或下游适当地点堆积下来，由此可见，侧蚀作用使河道越来越弯曲，并导致河谷不断加宽。环流作用如图 5－1所示。

根据科里奥利效应，在科里奥利力作用下，水体运动方向发生偏移，在北半球运动的水体偏向前进方向的右侧，在南半球运动的水体偏向前进方向的左侧，在河流弯道，离心力和科氏力同时作用。河流右弯处，离心力与科氏力方向相反，互相抵消一部分，故对凹岸侵蚀力减弱；在河流左弯处，离心力和科氏力方向一致，对凹岸侵蚀力增强。此外，凹岸的最大侵蚀点和凸岸的最大堆积点并不在它们的顶部，而是偏于前方，随着横向环流的不断作用，不仅弯道幅度增大，弯道位置也不断向下游迁移。

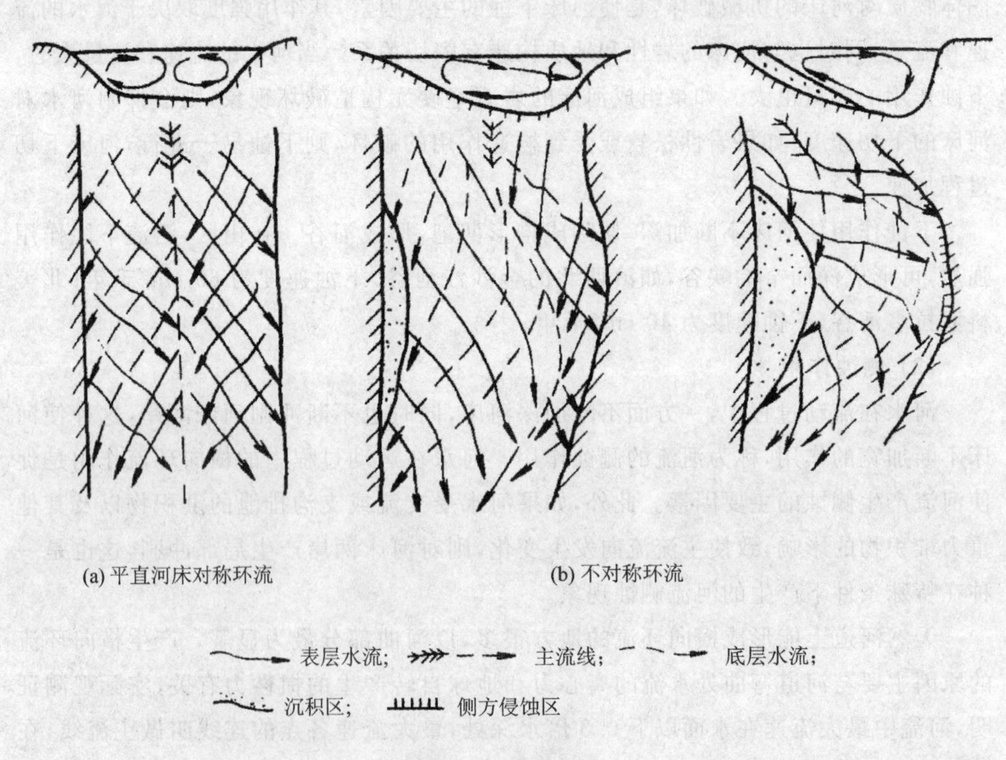

图 5－1　环流作用

由于河流侧蚀的不断发展，致使河流一个弯曲接着一个弯曲，并使河湾的曲率越来越大，河流越来越长，河床的比降逐渐减小，流速不断下降，侵蚀能量逐渐削弱，直至常水位时已无能量继续发生侧蚀为止，这时河流所特有的平面形态称为蛇曲。有

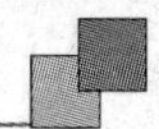

些蛇曲的河湾十分靠近，水流量一旦增大，会截弯取直，流入新开拓的局部河道，而残留的原河湾两端因逐渐淤塞而与原河道隔离，形成状似牛轭的静水湖泊，称为牛轭湖。牛轭湖形成过程如图5-2所示。

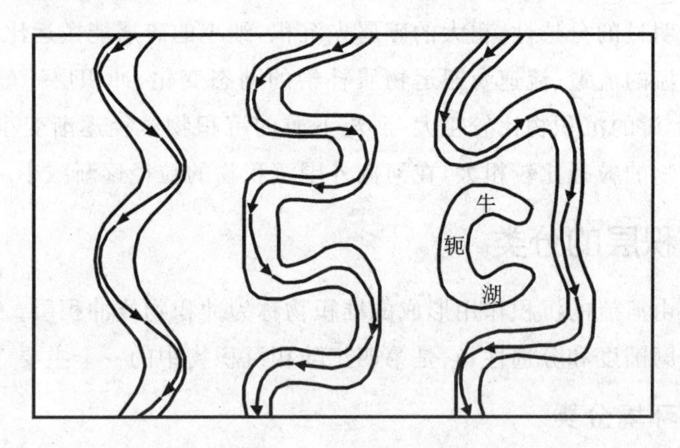

图5-2　牛轭湖形成过程

在下蚀与侧蚀的共同作用下，河床不断加深和拓宽，由于各地河床的纵坡、岩性、构造等不同，两种作用的强度会有所差别，或以下蚀为主或以侧蚀为主。

2. 河流的搬运作用

河流在流动过程中夹带沿途冲刷侵蚀下来的物质离开原地的移动作用，称为搬运作用，河流的侵蚀和堆积作用，在一定意义上都是通过搬运过程进行的。

组成河床的土石颗粒在流水作用下逐渐松动，最后可以和水流共同运动。当水流作用于土石颗粒的力 P 超过阻止其运动的摩擦力 f 时，土石粒就开始随水流一起移动，这就形成冲刷。这时水流的速度为土石粒开始移动的临界速度 v_{cr}，也可称为河床开始被冲刷的流速。根据水力学原理，泥沙开始被冲刷的流速为 $v_{cr}=A\sqrt{d}$，v_{cr} 以 m/s 为单位；泥沙粒直径 d 以 mm 为单位。根据实际观测，当 $d<400$ mm 时，A 值取0.2。在工程地质调查中，可根据流速估计被冲刷的粒径或根据粒径估计流速。

河流搬运作用分为推移、跃移和悬移三种形式。当水流速度 v 超过 v_{cr} 时，河床上的泥沙或砾石沿底面移动称为推移；当床底泥砂跳跃式向前移动时称为跃移。当流速 v 大到某一程度时，细小颗粒混入水中，呈不着底的悬浮运动，称为悬移，如我国黄河中的大量黄土物质主要通过悬移方式进行搬运。

3. 河流的沉积作用

河流搬运物从河水中沉积下来的过程称为沉积作用。河流在运动过程中，能量不断损失，当河水夹带的泥沙、砾石等搬运物超过了河水的搬运能力时，被搬运的物质便在重力作用下逐渐沉积下来形成松散的沉积层，称为河流冲积层。河流沉积物几乎全部是泥沙、砾石等机械碎屑物，而化学溶解的物质多在进入湖盆和海洋等特定的环境后才开始发生沉积。

河流的沉积特征，在一定的流量条件下主要受河水流速和搬运物重量的影响，所以一般都具有明显的分选性，粗大的碎屑先沉积，细小的碎屑能搬运比较远的距离再沉积。由于河流的流量、流速及搬运物质补给的动态变化，冲积层一般具层理特征，总体上，河流上游的沉积物比较粗大，河流下游的沉积物粒径逐渐变小，流速较大的河床部分沉积物的粒径比较粗大，在河床外围沉积物的粒径逐渐减小。

5.1.3 冲积层的分类

在河谷内由河流的沉积作用形成的堆积物称为冲积物或冲积层。冲积物的特点是具有良好的磨圆度和分选性，它是第四纪陆相沉积物中的一个主要成因类型。

1. 按沉积环境分类

冲积物按其沉积环境的不同，分为河床相、河漫滩相、牛轭湖相、蚀余堆积相、河口三角洲相。

① 河床相冲积物，在河床范围内形成的沉积物，主要为推移质，多由砂、砾、卵石组成，一般具有明显的斜层理。

② 河漫滩相冲积物，在河漫滩范围内形成的沉积物，主要为悬浮质，多由亚砂土、亚粘土组成。河漫滩位于河床主槽的一侧或两侧，指河流洪水期淹没的河床以外的谷底部分 。

③ 牛轭湖相冲积物，在牛轭湖范围内形成的沉积物，主要为静水沉积，一般多由富含有机质的淤泥和泥炭组成，天然含水量很大，抗压、抗剪强度小，容易发生压缩变形。

④ 蚀余堆积相冲积物，常见于山区河流中，多为巨砾和大块石，可能来自河谷山坡的崩落岩块，也可能是河底的残余岩块。

⑤ 河口三角洲相冲积物，是在河流入海(湖)口范围内形成的沉积物，分为水上和水下两部分。水上部分主要由河床和河漫滩冲积物组成，以粘土、砂为主，呈层状或透镜体，含水量高，结构疏松，强度低，稳定性差；水下部分主要是由河流冲积物和海(湖)淤泥物混合组成，呈倾斜产状。

2. 按河谷地貌形态分类

冲积物按河谷地貌形态分为山区河谷冲积层和平原河谷冲积层。

① 山区河谷冲积层，如图 5-3(a)所示。

② 平原河谷冲积层，如图 5-3(b)所示。

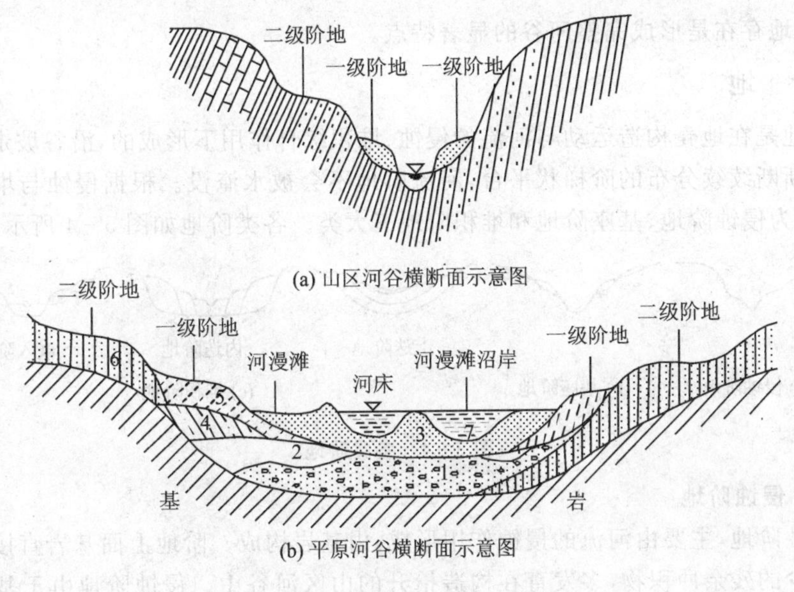

(a) 山区河谷横断面示意图

(b) 平原河谷横断面示意图

1—砾石；2—中粗砂；3—粉细砂；4—粉质粘土；5—粉土；6—黄土；7—淤泥

图 5－3　河谷横断面示意图

5.1.4　河谷类型及河流阶地

河谷按照成因可分为构造谷和侵蚀谷。构造谷一般受地质构造控制，沿地质构造线发展，如向斜谷、背斜谷、单斜谷、地堑断裂谷等。侵蚀谷，由水流侵蚀而成，不受地质构造的影响。

1. 侵蚀谷发展阶段

(1) 第一阶段，形成峡谷（“V”形谷）

在山区河谷发育初期，河流处于以垂直侵蚀为主的阶段，由于河流下切很深，常形成断面为“V”字形的深切河谷，岸谷陡峻，谷底极窄，基岩直接出露，缺乏河流冲积物，常被河水充满，几乎全为河床占据，冲积物只能在河床中形成。这种冲积物的主要类型是河床相，由漂石、卵石、砾石、砂等粗碎屑物组成。冲积层结构比较复杂，常有透镜体及不规则的夹层，厚度很薄甚至缺失，如雅鲁藏布江大峡谷。

(2) 第二阶段，形成河漫滩河谷

当峡谷形成后，谷道不会很直，河床主流线是弯曲的。由于主流线弯曲，河床会受到侧蚀加宽作用，即凹岸被冲刷，凸岸被堆积，乃至造成浜河床浅滩。随着浅滩不断地扩大和固定，形成洪水期才能淹没的滩地，称为河漫滩，这就是河漫滩河谷。

(3) 第三阶段，形成完整河谷

河漫滩河谷继续发展，河漫滩不断加宽加高，但地壳运动稳定一段时期后又重新上升，老河漫滩被抬高，河水在原河漫滩内侧重新开辟河道，被抬高的河漫滩转变为

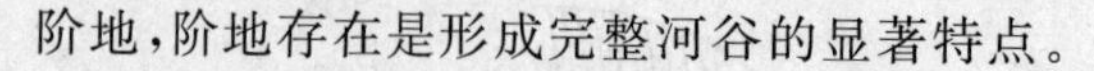

阶地，阶地存在是形成完整河谷的显著特点。

2. 阶　地

阶地是在地壳构造运动与河流的侵蚀、堆积综合作用下形成的，沿谷坡走向呈条带状或断断续续分布的阶梯状平台，河流阶地不会被水淹没。根据侵蚀与堆积的关系，可分为侵蚀阶地、基座阶地和堆积阶地三大类。各类阶地如图 5－4 所示。

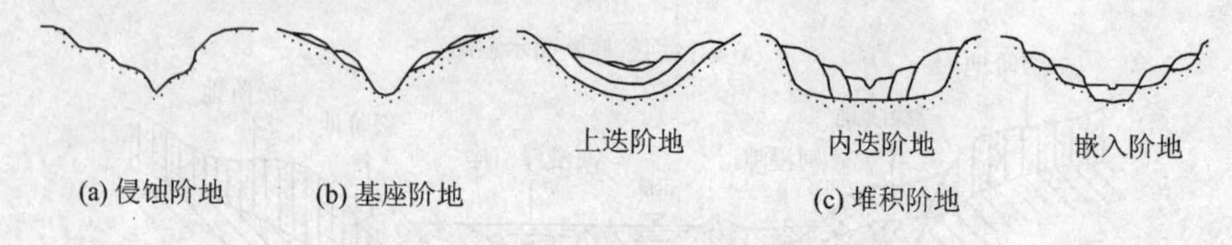

图 5－4　各类阶地

(1) 侵蚀阶地

侵蚀阶地，主要由河流的侵蚀作用形成，由基岩构成。阶地上面基岩直接裸露或只有很少的残余冲积物，多发育在构造抬升的山区河谷中。侵蚀阶地由于基岩出露地表是作为厂房地基或桥梁和水坝接头的良好地质条件。

(2) 基座阶地

基座阶地，属于侵蚀阶地到堆积阶地的过渡类型。阶地面上有冲积物覆盖着，但在阶地陡坎的下部仍可见到基岩出露。形成基座阶地是由于河水每一次的深切作用比堆积作用大得多。作为厂房地基时，因为土层薄，可以减小基础沉降；若桩基的桩尖落在基岩上，沉降量更小。

(3) 堆积阶地

堆积阶地，是由河流的冲积物组成的，当河流侧向侵蚀拓宽河谷后，由于地壳下降，逐渐由大量的冲积物发生堆积，待地壳上升后，河流在堆积物中下切形成的堆积阶地。堆积阶地在河流的中、下游最为常见，又可分为上迭阶地、内迭阶地和嵌入阶地。

① 上迭阶地，是新阶地完全落在老阶地之上，其生成是由于河流的几次下切都不能达到基岩，下切侵蚀作用逐渐减小，堆积作用的规模也逐渐减小，说明每一次升降运动的幅度都是逐渐减小的。

② 内迭阶地，是新阶地套在老阶地内，每一次新的侵蚀作用都只切到第一次基岩所形成的谷底，堆积的阶地范围一次比一次小，厚度也一次比一次小，这说明地壳每次上升的幅度基本一致，而堆积作用逐渐衰退。

③ 嵌入阶地，嵌入阶地的阶地面和陡坎都不出露基岩，但不同于上迭阶地和内迭阶地，因为嵌入阶地的生成，后期河床比前一期下切要深，而使后期的冲积物嵌入到前期的冲积物中，这说明地壳上升的幅度在逐渐加剧。

堆积阶地作为厂房地基时，要根据冲积物的性质和土层分布情况决定，值得注意的是，在工程勘察时应查明是否有掩埋的古河道或牛轭湖堆积的透镜体。

5.1.5　河流侵蚀作用的防治

对于河流侧向侵蚀及因河道局部冲刷造成的坍岸等灾害，一类是直接防护边岸不受冲蚀作用的措施，如抛石、铺砌、混凝土块堆砌、混凝土板、护岸挡墙、岸坡绿化等；另一类是调节径流改变水流方向、流速和流量的措施，如兴建各类导流工程，横墙、丁坝等。

5.2　地下水的地质作用

地下水是赋存于地表以下岩土空隙中的水，主要来源于大气降水、冰雪融水、地面流水、湖水及海水等，经土壤渗入地下形成的。地下水与大气水、地表水是统一的，共同组成地球水圈，在岩土空隙中不断运动，参与全球性陆地、海洋之间的水循环，只是循环速度比大气水、地表水慢得多。

地下水是地质环境的组成部分，影响着环境的稳定性，不但可以降低地基的承载力，也不利于基坑工程的施工，同时也是滑坡、地面沉降以及地面塌陷的主要原因，一些地下水还腐蚀建筑材料，因此进行地下水的研究对工程建设尤为重要。

5.2.1　含水层与隔水层

岩土中含有各种状态的地下水，由于各类岩石的水理性质不同，可将各类岩石划分为含水层和隔水层。

① 含水层，是指能够给出并透过相当数量重力水的岩层。构成含水层的条件：一是岩石中要有空隙存在，并充满足够数量的重力水；二是这些重力水能够在岩石空隙中自由运动。

② 隔水层，是指不能给出并透过水的岩层。隔水层还包括能给出和透过水的数量微不足道的岩层，即隔水层可以含水，但不具有允许相当数量的水透过的能力，例如泥岩。

5.2.2　不同埋藏条件下的地下水

地下水的分类方法很多，按照埋藏条件可分为上层滞水、潜水和承压水。

1. 包气带水

包气带水包括土壤水和上层滞水两种。

① 土壤水，指包气带表层土壤中的毛细水和结合水。受气候控制，季节性明显，变化大，雨季水量多，旱季水量少，甚至干涸。

② 上层滞水，指包气带中局部隔水层之上的重力水，如图5-5所示。埋藏接近地表，接受大气降水的补给，以蒸发形式向隔水底板边缘排泄。雨季时获得补给，赋

存一定的水量，旱季时水量逐渐消失，动态变化很不稳定。上层滞水对建筑物的施工有影响，应考虑排水措施，供水意义不大，仅能作为季节性的小型供水，但应注意污染情况。

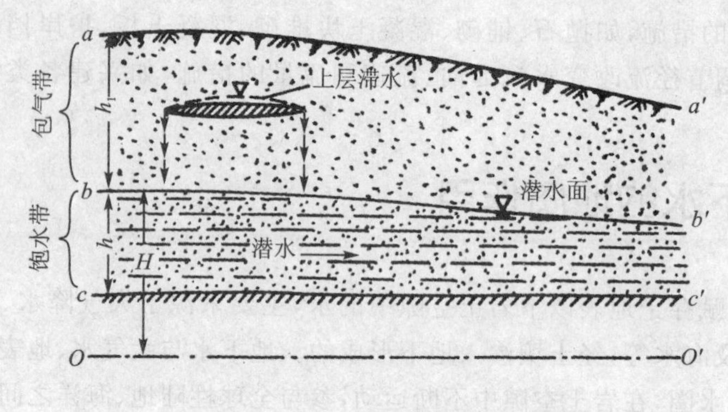

aa′—地面；bb′—潜水面；cc′—隔水层面；OO′—基准面

图 5-5 上层滞水和潜水示意图

2. 潜 水

埋藏在地面以下第一个稳定隔水层之上具有自由水面的重力水叫做潜水，如图 5-5所示。潜水的自由水面称为潜水面，潜水面的高程称为潜水位；潜水面至地表的距离称为潜水的埋藏深度，潜水面到隔水底板的垂直距离称为潜水含水层的厚度。

(1) 潜水的特征

潜水具有自由水面，为无压水，在重力的作用下由高水位流向低水位，运动速度取决于潜水面的坡度和岩土空隙的大小。潜水面的形状主要受地形控制，与地形基本一致，但比地形平缓。在潜水流动的方向上，含水层的透水性增强或含水层厚度较大的地方，潜水面变得平缓；隔水层底板隆起处，潜水厚度减小。动态受气候影响较大，具有明显的季节性变化特征，易受地面污染的影响。

(2) 潜水的补给、径流与排泄

1) 补 给

潜水的补给区与分布区一致，主要由大气降水补给，其次来源于地表水的补给，主要出现在大河的下游，当承压水与潜水有联系时，承压水也能补给潜水。

2) 径 流

当潜水在重力作用下，由高处向低处流动时形成了地下径流。径流条件的好坏主要受地形的切割程度、岩层的渗透性等因素的影响，地面坡度越大，切割越强烈，径流条件越好。

3) 排 泄

潜水的排泄方式有两种：一种是径流到适当的地形处，以泉或渗流等形式泻出地

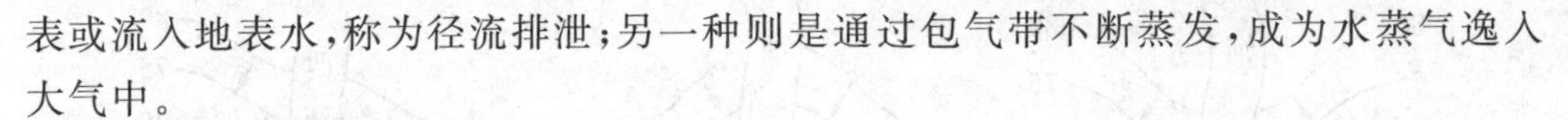

表或流入地表水，称为径流排泄；另一种则是通过包气带不断蒸发，成为水蒸气逸入大气中。

(3) 潜水等水位线图

潜水面常以潜水等水位线图表示，所谓潜水等水位线图就是潜水面上标高相等各点的连线图。绘制时将研究地区的潜水人工露头和天然露头的水位同时测定，绘在地形等高线图上。由于水位有季节性的变化，图上必须注明测定水位的日期，一般应具有最低水位和最高水位时期的等水位线图。该图的用途如下：

1）确定潜水方向

在等水位线图上，垂直于等水位线的方向，即为潜水方向，箭头指向低水位，如图 5-6所示的 EF，潜水方向从 E 指向 F。

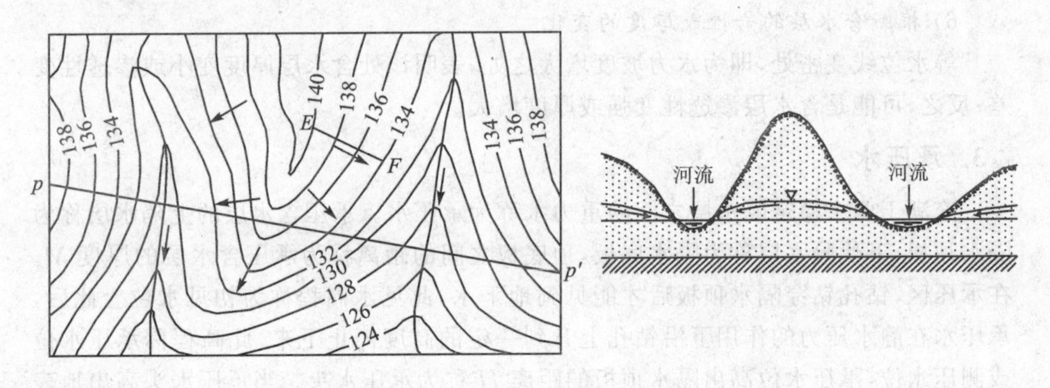

（箭头方向为潜水流向和河水流向）

图 5-6　潜水等水位线图(比例尺 1:100 000)及 $p-p'$ 剖面图

2）确定水力坡度(又称比降)

在潜水流向线段上取两点的水位差与两点间的水平距离的值就是该段潜水的水力坡度。如图 5-6 中 EF 两点的水力坡度为

$$I_{EF}=\frac{140-134}{1\,000}=0.006$$

3）确定潜水与地表水的补给关系

如果潜水流向与河流相背，则潜水接受河流补给，如图 5-7(a)所示；如果潜水流向河流，则潜水补给河水，如图 5-7(b)所示；有时还会出现河流单侧补给的情况，如图 5-7(c)所示。

4）确定潜水的埋藏深度

某一点的地形等高线标高与潜水等水位线标高之差即为该点潜水的埋藏深度。

5）确定泉或沼泽的位置

在潜水等水位线与地形等高线高程相等处，如有潜水出露，此处即是泉或沼泽的位置。

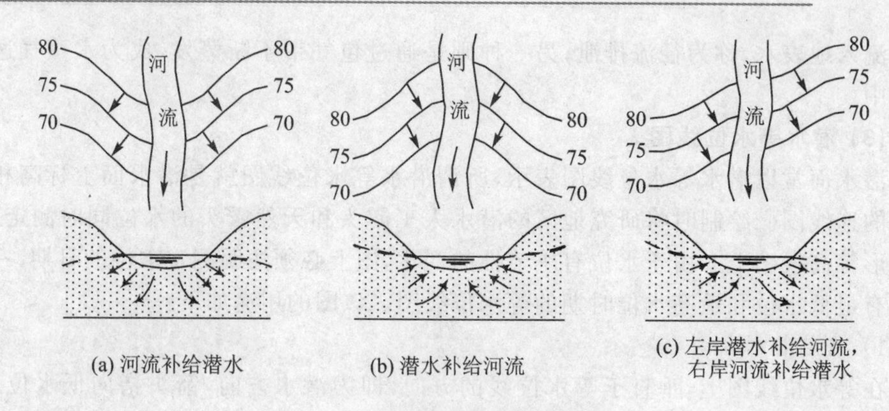

(a) 河流补给潜水　　(b) 潜水补给河流　　(c) 左岸潜水补给河流，右岸河流补给潜水

图 5-7　潜水与地表水的补给关系

6）推断含水层的岩性或厚度的变化

等水位线变密处，即为水力坡度增大之处，表明该处含水层厚度变小或渗透性变差；反之，可能是含水层渗透性变强或厚度增大。

3. 承压水

充满于两个稳定隔水层之间的重力水称为承压水。承压含水层的上隔水层称为隔水顶板，下伏隔水层称为隔水底板，顶底板之间的距离称为承压含水层的厚度 M。在承压区，钻孔钻穿隔水顶板后才能见到地下水，此见水高程称为初见水位。此后，承压水在静水压力的作用下沿钻孔上升到一定的高度停止下来，此高程称承压水位或测压水位，承压水位高出隔水顶板的距离 H 称为承压水头。当承压水头高出地表时，承压水可喷出地面以上一定高度，称为正水头，具有正水头的承压水称为承压自流水。承压水位高于地表的地区称为自流区，在此区，凡钻到承压含水层的钻孔都形成自流井，承压水沿钻孔上升喷出地表，将各井点承压水位连成的面称为承压水面，承压水面不是真正的地下水面，只是一个压力面，如图 5-8 所示。

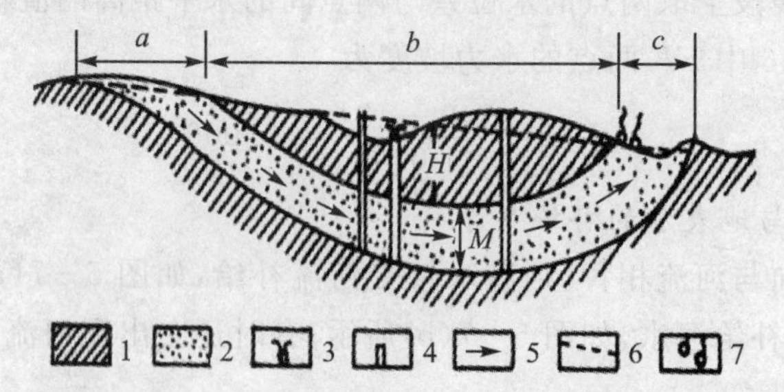

1—隔水层；2—含水层；3—喷水钻孔；4—不自喷钻孔；5—地下水流向；
6—测压水位；7—泉；H—承压水头；M—含水层厚度

图 5-8　承压水分布示意图

(1) 承压水的特征

承压水不具有自由水面，并承受一定的静水压力，压力来自补给区静水压力和上覆地层压力，由于上覆地层压力是恒定的，所以承压水压力的变化与补给区水位的变化有关。当接受补给水位上升时，静水压力增大，水对上覆地层的浮托力增大，从而承压水头增大，承压水位上升；反之，补给区水位下降，承压水位随之降低。

(2) 承压水的形成条件

承压水的形成主要决定于地质构造条件，最适宜的构造为向斜构造和单斜构造。

1) 向斜构造

在向斜地中，承压含水层出露地表较高的一端称为补给区，如图 5－8 中 a 段；较低的一端称为排泄区，如图 5－8 中的 c 段；承压含水层上覆隔水层的地区称为承压区，如图 5－8 中的 b 段。

2) 单斜构造

当为断块构造时，含水区的上部出露地表，为补给区；下部被断层所切。如果断层是透水的，则承压水将通过断层与其他含水层发生水力联系或以泉水的形式排泄于地表；如果断层是隔水的，补给区即为排泄区，如图 5－9(a)和(b)所示。

当含水层岩性发生相变时，水层的上部出露地表，下部则在某一深度处尖灭，含水层的补给区与排泄区一致，承压区位于另一地段，如图 5－9(c)所示。

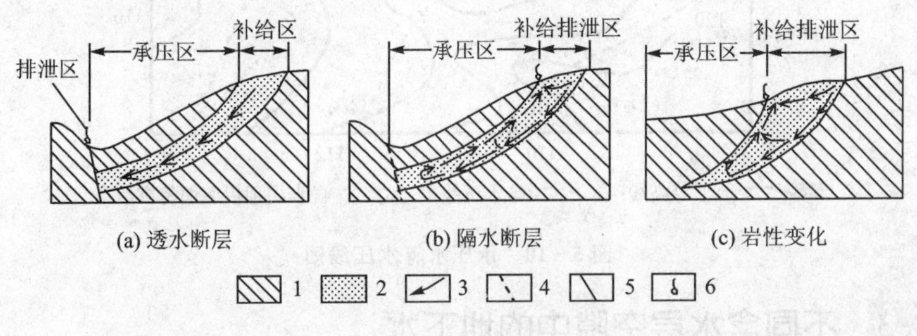

1—隔水层；2—含水层；3—地下水流向；4—不导水断层；5—导水断层；6—泉

图 5－9　断块构造以及岩性变化形成的自流斜地

(3) 承压水的补给、径流与排泄

1) 补　给

承压含水层的分布与补给区不一致，常常是补给区远小于分布区，一般只通过补给区接受补给，不易受到地面污染。补给来源是多方面的，包含大气降水、地表水、潜水以及不同埋深的承压水。

2) 径　流

承压水的径流是否通畅主要与储水构造的补给、排泄两区的水位差及含水层的透水性有关，两区的水位差越大，含水层岩性的透水性越好，径流的条件就越好，水循环交替越强。

3) 排　泄

承压水的排泄主要有三种方式，当在含水层下游露头地段，往往以泉或泉群的形

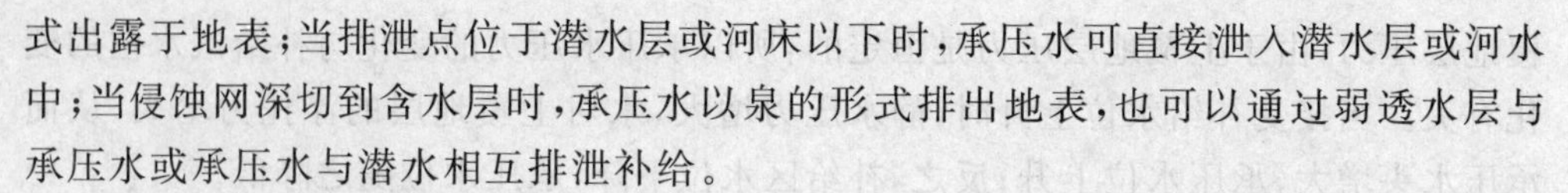

式出露于地表；当排泄点位于潜水层或河床以下时，承压水可直接泄入潜水层或河水中；当侵蚀网深切到含水层时，承压水以泉的形式排出地表，也可以通过弱透水层与承压水或承压水与潜水相互排泄补给。

(4) 等水压线图

在平面图上用承压水等水压线图表示，所谓等水压线图就是承压水面上高程相等点的连线图，等水压线图上必须附有地形等高线和顶板等高线（见图 5-10）。

承压水等水压线图可以判断承压水的流向及计算水力坡度；确定初见水位、承压水位的埋深及承压水头的大小等。

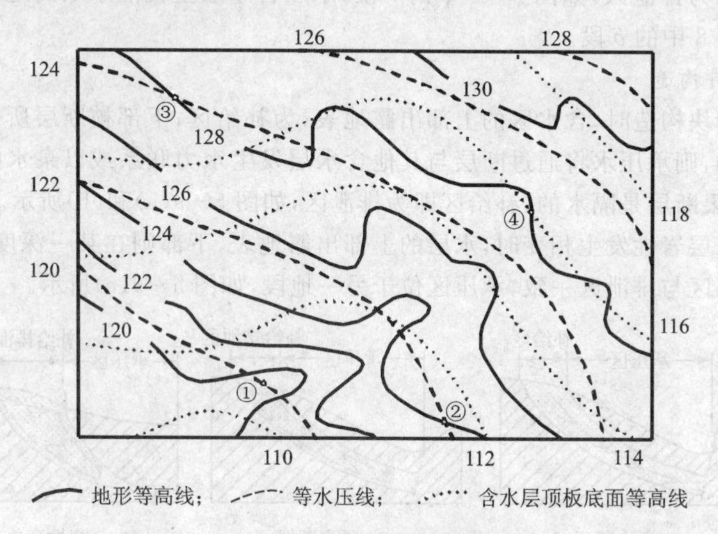

图 5-10　承压水等水压线图

5.2.3　不同含水层空隙中的地下水

按含水层的空隙性质又可分为孔隙水、裂隙水和岩溶水。与埋藏条件分类法相结合可分为九类水，如孔隙上层滞水、裂隙潜水、岩溶承压水等。

1. 孔隙水

孔隙就是松散介质中颗粒或颗粒集合体之间普遍存在着的呈小孔状分布的空隙，可以用孔隙度或孔隙比来衡量孔隙的发育程度。孔隙水分布在第四系各种不同成因类型的松散沉积物中，分布相对均匀，连续性好，一般呈层状分布，同一含水层的孔隙水具有密切的水力联系，具有统一的地下水面。

(1) 冲积物中的地下水

冲积物是河流沉积作用形成的。河流上游冲积物中的地下水、河流中游的河漫滩以及低阶地的含水层均由河水补给，水量丰富、水质好，是良好的含水层，可作为供水水源。我国许多沿江城市多处于阶地、河漫滩之上，由于地下水埋藏浅，对工程建设不利。河流下游常形成滨海平原，松散沉积物的厚度可达百米以上，滨海平原上部

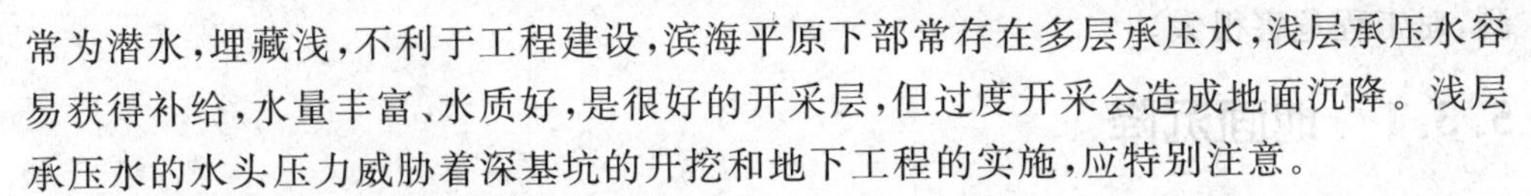

常为潜水，埋藏浅，不利于工程建设，滨海平原下部常存在多层承压水，浅层承压水容易获得补给，水量丰富、水质好，是很好的开采层，但过度开采会造成地面沉降。浅层承压水的水头压力威胁着深基坑的开挖和地下工程的实施，应特别注意。

(2) 洪积物中的地下水

洪积物是山区集中洪流携带的碎屑物在山口处堆积形成的，广泛分布在山间盆地的周缘、山前的平原地带，是以山口为顶点的扇状地形，又称为洪积扇。

洪积扇中的地下水大致分为三带，即潜水埋深带、溢出带和潜水下沉带，在我国北方非常典型。

① 潜水埋深带，位于洪积扇顶部，地形较陡，沉积物颗粒粗，多为卵砾石、粗砂，径流条件好，是良好的供水源。

② 潜水溢出带，位于洪积扇中部，地形变缓，沉积物颗粒逐渐变细，由砂土变为粉砂、粉土，径流条件逐渐变差。上部为潜水，埋藏浅，常以泉或沼泽的形式溢出地表；下部为承压水。

③ 潜水下沉带，处于洪积扇边缘与平原的交界处，地形平缓，沉积物为粉土、粉质粘土和粘土。潜水埋藏变深，因径流条件较差，矿化度高，水质也变差。

2. 裂隙水

岩石受地壳运动及其他内外地质营力的作用影响产生的空隙，称为裂隙，存在于坚硬岩石裂隙中的地下水则称为裂隙水，裂隙的发育程度与岩石受力条件和岩性有关。坚硬的岩石，如石英岩、致密的石灰岩等可发育张性裂隙，透水性较好；软岩如泥岩、泥质页岩等，一般发育闭合裂隙，透水性差，可构成隔水层。

裂隙水按埋藏条件可划分为面状裂隙水、层状裂隙水以及脉状裂隙水。面状裂隙水又称风化裂隙水，储存于山区或丘陵区的基岩风化带中，一般在浅部发育。层状裂隙水，储存于成层的脆性岩层(如砂岩、硅质岩、玄武岩等)中，原生裂隙、构造裂隙中的层状裂隙水，一般是承压水。脉状裂隙水也称构造裂隙水，储存于断裂破碎带和岩浆岩体的侵入接触带中。

3. 岩溶水

可溶岩中的裂隙或孔隙经地下水流长期溶蚀形成的空隙称为溶隙，埋藏于溶隙中的重力水称为岩溶水或喀斯特水，它可以是潜水也可以是承压水。

5.3　地下水对工程建筑的影响

地下水是地质环境的重要组成部分，也是外力地质作用中最活跃的因素，在许多情况下，地质环境的变化常常是由地下水的变化引起的。引起地下水变化的因素很多，可归纳为自然因素和人为因素。自然因素主要是指气候因素，如降水引起的地下水变化，涉及范围大，可以预测。而人为因素是各种各样的，往往带有偶然性，难以预

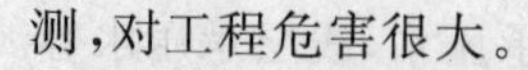

测，对工程危害很大。

5.3.1 地面沉降

地面沉降又称地面下沉或地陷，是指在一定的地表范围内发生的地表水平面的降低现象，是一种不可补偿的永久性环境和资源损失。

1. 地面沉降的原因

(1) 地质原因

① 地表松散、半松散的地层在重力的作用下，变成致密坚硬或半坚硬的岩层，地面因地层厚度的变小发生沉降。

② 构造运动包括水平运动和升降运动，会导致地面凹陷而发生沉降。

③ 地震震陷也会导致地面沉降。震陷是指在强烈地震作用下，由于土层加密、塑性区扩大或强度降低而导致的工程结构或地面产生的下沉。

(2) 人为原因

① 过度开采地下水是引起地面沉降的主要人为原因。在我国，由于各大中型城市都处于巨大的人口压力之下，地下水的过度抽采十分严重，导致大部分城市出现地面沉降，例如北京的五大沉降区就是由于过度开采地下水造成的。

② 过度开采地下资源如石油、天然气、固体矿产等，也是导致地面沉降的原因。

③ 地表荷载引起的地面沉降。由于城市规模扩大，高大建筑物不断增加，铁路、桥梁等交通设施及运输荷载的影响，地表荷载增加，在一定程度上加速了地面的沉降。

2. 地面沉降的机理

地面沉降的产生可以概括为，上覆地层应力是由土粒骨架和水共同承担的，土粒骨架承受的那部分应力称为孔隙水压力。当从含水层中抽取一部分地下水后，承压水位下降，孔隙水压力减小，为达到平衡，有效应力相应增加，有效应力的增量既作用于含水层，也作用于隔水层，导致含水层和隔水层发生固结压缩而产生地面沉降，但是含水层和隔水层发生变形的特征不同。首先，粘性土的压缩比砂类土大1～2个数量级，所以隔水层的固结压缩是地面沉降的主要原因；其次，砂类土释水压密为弹性变形，引起的地面沉降是暂时的，当含水层获得水量补充后，孔隙水压力增大，承压水位上升，有效应力相应减小，使含水层回弹；最后，粘性土释水压密为塑性变形，含水层获得补充后变形不能恢复，是永久变形。

3. 地面沉降的危害

地面沉降导致了地表建筑和地下设施的破坏。据统计，我国每年因地面沉降导致的经济损失达数亿元人民币以上。主要危害如下：

① 地面沉降的一个很大危害就是出现地裂缝，地裂缝频发会危及城乡安全。

② 破坏城市管网,使城市给水管道、供气管道、电线、光缆等发生弯曲变形,直接影响了市民生活和工业生产,同时造成许多机井套管上串,泵房地面及墙体开裂,抽水设施变形或断裂。

③ 地面沉降会造成铁路路基不均匀下沉,威胁着铁路的安全。

④ 地面沉降导致河床下沉,降低了河道防洪排涝能力;桥下净空变小会影响到泄洪和航运等。

⑤ 地面沉降引起的安全高程损失会使建筑物抗御洪水和台风的能力下降。

⑥ 地面标高是城市测绘、城市规划建设等的重要基准,地面沉降使地面水准点、地面高程资料、观测和测量的标志失效。

⑦ 地面沉降会造成海水倒灌,当地面沉降接近海面时,会发生海水倒灌,使土壤和地下水盐碱化,降低了土地的利用价值。

4. 控制地面沉降的措施

为了控制地面沉降,应以地下水严重超采区为控制和治理的重点,主要方法如下:

(1) 节水措施

例如,美国采用先进的地下水运输方法,作出地下水使用的远景规划,节约用水。

(2) 人工回灌地下水

通过补充地下水来提高地下水位,值得注意的是地下水尤其深层地下水是优质的水资源,如果用劣质水或未经处理的废水回灌,会引起地下水的污染。

(3) 加固堤防

对沿海城市进行海岸加固,如修建或加高加固防洪堤、防潮堤、防洪闸、防潮闸以及疏导河道、兴建排洪排涝工程、垫高建设场地、适当增加地下管网强度等。例如,在加利福尼亚州境内三角洲地区,大面积的人工堤坝及人工岛有效地保护了三角洲,使之免遭海水的入侵,同时维持了有利的淡水坡度,保护了淡水源。

(4) 加强地面沉降监测和调查

查明地面沉降现状,研究沉降机理,预测地面沉降速度、范围、幅度,建立预警机制。

5.3.2 地面塌陷

地面塌陷是指地表岩、土体在自然或人为因素的作用下,向下陷落,并在地面形成塌陷坑(洞)的一种地质现象。当地面塌陷发生在有人类活动的地区时,危害很大,如破坏农田、水利、交通线路、引起房屋破裂倒塌、地下管道断裂等。

诱发地面塌陷的因素主要包括地下开采形成的采空区、地下工程中的排水与突水作用、过量抽采地下水、人工蓄水、人工加载、人工振动以及地表渗水等。

1. 地面塌陷的前兆

① 井、泉的异常变化，如井、泉突然干枯或浑浊翻沙，水位骤然降落等。

② 地面形变，地面产生地鼓，小型垮塌，地面出现环形开裂以及出现沉降等。

③ 建筑物作响、倾斜、开裂。

④ 地面积水引起地面冒气泡、水泡、漩涡等。

⑤ 植物颜色、生命状况发生变化，动物惊恐，微微可闻地下土层的垮落声。

2. 地面塌陷的分类

(1) 岩溶塌陷

岩溶塌陷由可溶岩（以碳酸岩为主，其次为石膏、岩盐等）中存在的岩溶洞隙产生。在可溶岩上分布着松散土层覆盖的岩溶区，塌陷主要产生在土层中，称为"土层塌陷"，发育数量最多、分布最广；当组成洞隙顶板的各类岩石较破碎时，也可发生顶板陷落的"基岩塌陷"。我国岩溶塌陷分布广泛，广西、湖南、贵州、湖北、江西、广东、云南、四川、河北、辽宁等省（区）最为发育。据不完全统计，全国岩溶塌陷总数达2 841处，塌陷坑 33 192 个，塌陷面积约 332 km^2，造成年经济损失达 1.2 亿元以上。岩溶塌陷分布最广、数量最多、发生频率高、诱发因素最多，且具有较强的隐蔽性和突发性特点，严重威胁到人民群众的生命财产安全。

岩溶塌陷的平面形态具有圆形、椭圆形、长条形及不规则形等，主要与下伏岩溶洞隙的开口形状及其上覆岩土体的性质在平面上的分布有关。其剖面形态具有坛状、井状、漏斗状、碟状及不规则状等，主要与塌陷层的性质有关，粘性土层塌陷多呈坛状或井状，砂土层塌陷多具漏斗状，松散土层塌陷常呈碟状，基岩塌陷常呈不规则的梯状。

岩溶塌陷的规模以个体塌陷坑的大小来表征，主要取决于岩溶的发育程度、洞隙的开口大小、上覆层的厚度等因素。据统计，土层塌陷坑直径一般不超过 30 m，其中小于 5 m 的占大多数，极少数塌陷坑可达 60～80 m，可见深度一般小于 5 m。基岩塌陷规模一般较大，如四川兴文县小岩湾塌陷，长 650 m、宽 490 m、深 208 m。

岩溶塌陷的伴生现象主要有地面下降、地面开裂和塌陷地震，随塌陷而产生，有时称为塌陷的前兆特征。

① 地面下降，当岩溶洞隙上的覆盖层由性质松软的厚土层组成时，土洞的扩展将引起地面的局部下沉，最终形成缓发型塌陷。

② 地面开裂，在土洞扩展到一定程度尚未塌陷前，往往首先在地面上出现裂缝，这些裂缝大都是弧形展布，具有张拉特点，有时多条裂缝平行交错分布。裂缝进一步发展形成环状裂缝，宽度加大，有时内侧下错形成小的错台，但一般不具有水平的相对位移，有些环状裂缝往往是塌陷坑口位置的表征。此外，在塌陷坑外侧周边还可出

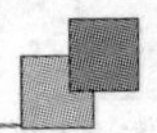

现弧形的牵引裂缝，在塌陷坑形成后引起坑壁的坍塌。

③ 大规模的塌陷可引起地震效应，由于产生地震的能量有限，地震震级小，震源深度很浅，烈度偏高。

(2) 非岩溶性塌陷

非岩溶性塌陷是由非岩溶洞穴产生的塌陷，如采空塌陷，黄土地区黄土陷穴引起的塌陷，玄武岩地区通道顶板产生的塌陷等，后两者分布较局限。采空塌陷指煤矿及金属矿山的地下采空区顶板易落塌陷，在我国分布较广泛，黑龙江、山西、安徽、江苏、山东等省发育较严重。据不完全统计，在全国21个省区内，共发生采空塌陷182处以上，塌坑超过1 592个，塌陷面积大于1 150 km^2，年经济损失达3.17亿元。

3. 地面塌陷治理方法

(1) 填堵法

填堵法是一种最常见的治理方法，一般用于较小塌陷坑的处理。当塌陷坑内有基岩出露时，首先在坑内填入块石、碎石做成反滤层，或采用地下岩石爆破回填，然后上覆粘土夯实。坑内未出露基岩时，塌陷坑危害比较小，可回填块石或用粘土直接回填夯实。

(2) 跨越法

跨越法是用于塌陷坑较大、回填困难时的处理方法。该方法采用坚实稳固的跨越结构，使陷坑上的荷载通过跨越结构作用在可靠的岩、土体上。

(3) 强夯法

强夯法通常是把10～20 t的夯锤吊到一定高度(10～40 m)，然后让其自由下落，较大的冲击能可使土体夯实。

(4) 灌注法

灌注法是把灌注材料通过钻孔或岩溶洞口进行注浆，其目的是强化土洞或洞穴充填物，填充岩溶洞隙，拦截地下水流，加固建筑物地基。

(5) 深基础法

对一些深度较大、跨越结构较难实现的情况，常采用桩基使建筑物的基础置于基岩上。

(6) 控制抽排水强度法

由于抽排水使地下水位下降，常常造成地面塌陷，矿山井下强排疏干时，影响更显著，因此，应合理控制抽排水的强度。

5.3.3　流砂与机械潜蚀

动水压力是指地下水进行渗流时，作用在单位体积土颗粒上的力。当地下水的动水压力达到一定值时，土中的一些颗粒甚至整个土体发生移动，从而引起土体

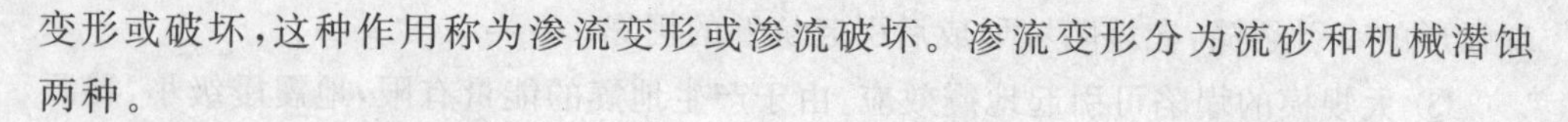

变形或破坏，这种作用称为渗流变形或渗流破坏。渗流变形分为流砂和机械潜蚀两种。

1. 流　砂

流砂是指在渗流作用下，一定体积的土同时发生移动的现象。当地下水自下而上流动时产生的动水压力等于土体的有效重度时发生，此时土颗粒间的有效应力为0，土粒悬浮。出现流砂时的水力坡度称为临界水力坡度。流砂是一种不良的工程地质现象，根据严重程度可分为三种：

① 轻微流砂，当基坑围护桩排间隙处隔水措施不当或施工质量欠缺时，或当地下连续墙接头的施工质量不佳时，有些细小的土颗粒会随着地下水渗漏一起穿过缝隙流入基坑，增加坑底的泥泞程度。

② 中等流砂，在基坑底部，尤其是靠近围护桩墙的地方，常常会出现一堆粉细砂缓缓冒起，仔细观察，可以看到粉细砂堆中形成许多小小的排水沟，冒出的水夹带着细小土粒慢慢地流动。

③ 严重流砂，基坑开挖时如发生上述现象，继续往下开挖，流砂的冒出速度会迅速增加，有时像开水初沸时的翻泡，此时基坑底部成为流动状态，给施工带来很大困难，甚至影响临近建筑物的安全。如果在沉井施工中，产生严重流砂，沉井会突然下沉，无法用人力控制，以致沉井发生倾斜，甚至重大事故。

根据流砂的形成原因，目前防治流砂的途径有：①减小或平衡动水压力；②设法使动水压力向下；③截断地下水流。

2. 机械潜蚀

机械潜蚀也称管涌，是指在渗流作用下，单个土颗粒发生独立移动的现象。随着时间的延长，机械潜蚀在土层中形成管状孔洞，使土体结构破坏，强度降低，压缩性增加。当地下水渗流产生的动水压力小于土颗粒的有效重度时发生，即渗流水力坡度小于临界水力坡度。

5.3.4　地下水的浮托作用

当建筑物基础位于地下水位以下时，地下水对基础底面产生静水压力，因此产生了浮托力。若基础位于粉性土、砂性土、碎石土和节理裂隙发育的岩石地基上，就按地下水位100％计算浮托力；若基础位于节理裂隙不发育的岩石地基上，就按地下水位的50％计算浮托力；若基础位于粘性土地基上时，浮托力需根据实地考察具体计算。

地下水在对建筑物基础产生浮托力的同时，也会对水位以下的岩石和土体产生浮托力，因此确定地基承载力设计值时，地下水位以下应取有效重度。

5.3.5 承压水对基坑的作用

当基坑下部有承压含水层时，开挖基坑所留底板经受不住承压水头压力而被承压水顶裂或冲毁，这种现象称为基坑突涌。

为避免基坑突涌的发生，必须验算基坑隔水层的安全厚度 M，根据基坑底层厚度与承压水头压力的平衡关系式，可求出隔水层的安全厚度为

$$M \geqslant \frac{\gamma_w}{\gamma} H \cdot K \tag{5-1}$$

式中：γ——隔水层的重度；

γ_w——地下水的重度；

M——隔水层的安全厚度；

K——安全系数，一般取1.5～2.0。

当工程施工需要时，若开挖基坑后的坑底隔水层厚度小于安全厚度时，为防止基坑突涌，必须对承压水层进行预先排水，以降低承压水头压力，基坑相对于含水层顶板的承压水头 H_w 必须满足下式：

$$H_w < \frac{\gamma}{K \cdot \gamma_w} \cdot M \tag{5-2}$$

5.3.6 地下水对钢筋混凝土的腐蚀

根据地下水对建筑结构材料腐蚀性评价标准，腐蚀可分为以下三类。

(1) 结晶类腐蚀

结晶类腐蚀主要是因为地下水中的 SO_4^{2-} 离子含量过多，SO_4^{2-} 会和 $Ca(OH)_2$ 发生反应生成一种新的物质 $CaSO_4 \cdot 2H_2O$——二水石膏结晶体。这种物质可以和水化铝酸钙发生化学反应，生成水化硫铝酸钙——习惯上称为水泥杆菌。因为水泥杆菌中结合了大量的结晶水，体积增大到原来的221.86%，产生很大的内应力，使结构破坏。由此可见，要想提高水泥的抗结晶腐蚀，主要是控制水泥的矿物成分。

地下水对建筑材料腐蚀性评价标准如表5-1所列。

表5-1　结晶类腐蚀评价标准

腐蚀等级	SO_4^{2-} 在水中的含量/($mg \cdot L^{-1}$)		
	Ⅰ类环境	Ⅱ类环境	Ⅲ类环境
无腐蚀性	<250	<500	<1 500
弱腐蚀性	250～500	500～1 500	1 500～3 000
中腐蚀性	500～1 500	1 500～3 000	3 000～6 000
强腐蚀性	>1 500	>3 000	>6 000

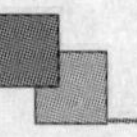

表 5－1 中的环境分类是根据建筑场地的气候区、土层透水性、干湿交替和冻融循环情况(见表 5－2)来划分的。

表 5－2　混凝土腐蚀的场地环境类别

<table>
<tr><th>环境类别</th><th>气候区</th><th>土层特征</th><th colspan="2">干湿交替</th><th>冰冻区段</th></tr>
<tr><td>Ⅰ</td><td>高寒区、干旱区、半干旱区</td><td>直接临水,强透水土层中的地下水,或湿润的强透水土层</td><td>有</td><td rowspan="3">混凝土不论在地面或地下,在无干湿交替作用时,腐蚀强度比有干湿交替作用时相对降低</td><td rowspan="3">混凝土不论在地面或地面下,当受潮或浸水,并处于严重冰冻区段、冰冻区段或微冰冻区段</td></tr>
<tr><td rowspan="2">Ⅱ</td><td>高寒区、干旱区、半干旱区</td><td>弱透水土层中的地下水,或湿润的强透水土层</td><td>有</td></tr>
<tr><td>湿润区、半湿润区</td><td>直接临水,强透水土层中的地下水,或湿润的强透水土层</td><td>有</td></tr>
<tr><td>Ⅲ</td><td>各气候区</td><td>弱透水土层</td><td colspan="2">无</td><td>不冻区段</td></tr>
<tr><td>备　注</td><td colspan="5">当竖井、隧道、水坝等工程的混凝土结构一面与地下水或地表水接触,另一面又暴露在大气中时,其场地环境为Ⅰ类</td></tr>
</table>

(2) 分解类腐蚀

地下水中的 CO_2、HCO_3^- 是造成分解类腐蚀的原因。

$$Ca(OH)_2 + CO_2 = CaCO_3 \downarrow + H_2O$$

由于 $CaCO_3$ 不溶于水,可填充混凝土的孔隙,在混凝土周围形成一层保护膜,能防止 $Ca(OH)_2$ 分解。但是当 CO_2 含量超过一定数值,而 HCO_3^- 离子的含量过低,则超量的 CO_2 再与 $CaCO_3$ 反应,生成重碳酸钙 $Ca(HCO_3)_2$,并溶于水。

$$CaCO_3 + CO_2 + H_2O = Ca^{2+} + 2HCO_3^-$$

此反应为可逆反应,当 CO_2 含量增加时,平衡破坏,反应向右进行,固体 $CaCO_3$ 继续分解;当 CO_2 含量减少时,反应向左进行,固体 $CaCO_3$ 沉淀析出。如果 CO_2 和 HCO_3^- 浓度平衡时,反应停止,所以当地下水中 CO_2 的含量超过平衡时所需的数量时,混凝土中的 $CaCO_3$ 就被溶解而腐蚀,这就是分解类腐蚀。超过平衡浓度 CO_2 的叫做侵蚀性 CO_2。地下水中侵蚀性的 CO_2 越多,对混凝土的腐蚀越强。地下水流量以及流速越大,CO_2 越易补充,平衡难以建立,腐蚀加快。另一方面,HCO_3^- 含量越高,对混凝土的腐蚀性越弱。

如果当地下水的 pH 值小于某一数值时,混凝土中的 $Ca(OH)_2$ 也要分解,特别是当反应生成物为易溶于水的氯化物时,对混凝土的分解腐蚀更强。

分解类腐蚀的评价标准如表5-3所列。

表5-3 分解类腐蚀评价标准

腐蚀等级	pH值		侵蚀性CO_2/(mg·L^{-1})		HCO_3^-/(mmol·L^{-1})
	A	B	A	B	A
无腐蚀性	>6.5	>5.0	<15	<30	>1.0
弱腐蚀性	5.0~6.5	4.0~5.0	15~30	30~60	0.5~1.0
中腐蚀性	4.0~5.0	3.5~4.0	30~60	60~100	<0.5
强腐蚀性	<4.0	<3.5	>60	>100	—
备　注	A——直接临水,或强透水土层中的地下水,或湿润的强透水土层; B——弱透水土层中的地下水,或湿润的弱透水土层				

(3) 结晶分解复合类腐蚀

当地下水中的NH_4^+、NO_3^-、Cl^-和Mg^{2+}离子的含量超过一定值时,与混凝土中的$Ca(OH)_2$发生反应,如:

$$MgSO_4+Ca(OH)_2=Mg(OH)_2+CaSO_4$$

$$MgCl_2+Ca(OH)_2=Mg(OH)_2+CaCl_2$$

在$Ca(OH)_2$与镁盐作用的生成物中,$Mg(OH)_2$为白色沉淀,不易溶解;$CaCl_2$易溶于水,并随之流失;硬石膏$CaSO_4$一方面与混凝土中的水化铝酸钙反应生成水泥杆菌,另外一方面,遇水后生成二水石膏。二水石膏在结晶时体积膨胀,破坏混凝土的结构。

$$3CaO\cdot Al_2O_3\cdot 6H_2O+3CaSO_4+25H_2O=3CaO\cdot Al_2O_3\cdot 3CaSO_4\cdot 31H_2O$$

$$CaSO_4+2H_2O=CaSO_4\cdot 2H_2O$$

结晶分解复合类腐蚀的评价标准如表5-4所列。

表5-4 结晶分解复合类腐蚀评价标准

腐蚀等级	Ⅰ类环境		Ⅱ类环境		Ⅲ类环境	
	A	B	A	B	A	B
无腐蚀性	<1 000	<3 000	<2 000	<5 000	<3 000	<10 000
弱腐蚀性	1 000~2 000	3 000~5 000	2 000~3 000	5 000~8 000	3 000~4 000	10 000~20 000
中腐蚀性	2 000~3 000	5 000~8 000	3 000~4 000	8 000~10 000	4 000~5 000	20 000~30 000
强腐蚀性	>3 000	>8 000	>4 000	>10 000	>5 000	>30 000
备　注	A——$Mg^{2+}+NH_4^+$,单位mg/L; B——$Cl^-+SO_4^{2-}+NO_3^-$,单位mg/L					

综上所述，地下水对混凝土建筑物的腐蚀是复杂的物理化学过程，在一定的工程地质和水文地质条件下，对建筑物的耐久性影响很大。

思考题

1. 暂时性流水有哪几种类型？
2. 什么叫做冲积层？什么叫做洪积层？
3. 河流的地质作用包括什么？
4. 河流搬运有哪几种形式？
5. 简述侵蚀谷的发展过程。
6. 简述河流侵蚀可采用的防治措施。
7. 什么叫做含水层？什么叫做隔水层？
8. 简述按埋藏条件分类的地下水类型。
9. 潜水等水位线图的用途有哪些？
10. 适宜形成承压水的构造有哪些？
11. 简述地面沉降的机理、形成原因以及危害。
12. 简述地面塌陷的分类。
13. 什么叫做流砂和机械潜蚀？
14. 简述承压水对基坑的不良作用。
15. 简述地下水对钢筋混凝土的危害。

第6章 常见的地质灾害

地壳上部的岩土层因遭受各种内外力的地质作用，如地壳运动、地震、流水以及人类活动等，形成了许多不良地质现象，也称地质灾害。地质灾害是指自然地质作用和人类活动造成的恶化地质环境，降低环境质量，直接或间接危害人类安全，并给社会和经济建设造成损失的地质事件，如第5章中讲到的河流侵蚀、地下水的破坏作用以及本章要讲的风化作用、滑坡、泥石流、地震以及岩溶等。我国是地质灾害较多的国家，每年因地质灾害造成的经济损失达200亿～500亿元，给人类生命财产造成了极大危害。随着国民经济的发展，人类工程活动的数量、速度及规模越来越大，因此研究不良地质条件下的工程地质问题具有重要意义。

6.1 风化作用

地球表层的岩石，在太阳辐射、大气、水和生物等的作用下，发生物理和化学的变化，使岩石崩解破碎以致逐渐分解的作用，称为风化作用。风化作用是最普遍的一种外力作用，在大陆的各种地理环境中，都有风化作用在进行。风化作用在地表最显著，随着深度的增加，影响逐渐减弱以致消失。

风化作用使坚硬致密的岩石松散破坏，改变了岩石原有的矿物组成和化学成分，使岩石的强度和稳定性大为降低，从而对工程建筑条件造成不良的影响。此外，滑坡、崩塌、泥石流等不良地质现象，大部分都是在风化作用的基础上逐渐形成和发展起来的，所以了解风化作用，认识风化现象，分析岩石风化程度，对评价工程建筑条件是必不可少的。

6.1.1 风化作用的分类

风化作用按其占优势的营力和岩石变化的性质，分为物理风化、化学风化及生物风化三个类型。

1. 物理风化作用

物理风化，是指在地表或接近地表的条件下，岩石、矿物在原地发生机械破碎而不改变其他化学成分的过程。引起物理风化作用的因素包括：温度变化、岩石释重、裂隙中水的冻结与融化以及盐类的结晶与潮解。

(1) 温度变化

温度变化是影响物理风化的最主要因素。由于温度的变化产生温差，温差可促使岩石膨胀与收缩交替进行，久之则引起岩石破裂。

白天在阳光的照射下，岩石表层升温，由于岩石是热的不良导体，热向岩石内部传递很慢，岩石内外出现温差，由于岩石内部还未受热，仍保持原来的体积，因此必然引起岩石表层壳状脱离，形成与表面平行的风化裂隙。夜间，外层岩石首先冷却收缩，内部余热未散，岩层便会产生径向开裂，形成裂缝。昼夜温差长期进行，会逐渐削弱岩石表层和内部之间的连接，导致岩石层剥落，最后崩解成碎块。温差引起的岩石风化过程如图 6-1 所示。

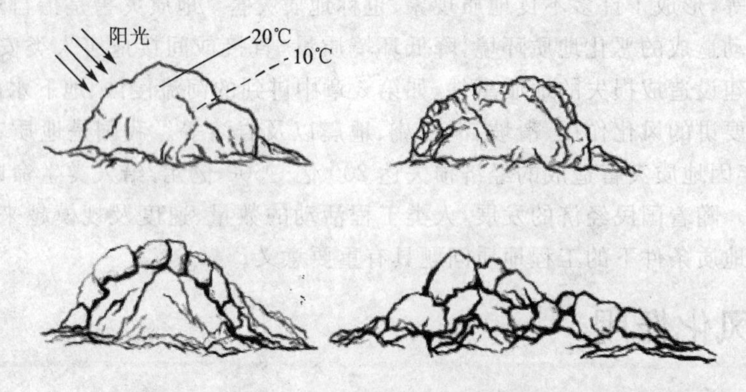

图 6-1　温差引起的岩石风化过程

岩石的颜色、矿物成分和矿物颗粒的大小等性质对于温度变化的感应程度是不同的。主要表现在以下几个方面：

① 深色矿物多的岩石收缩和膨胀的幅度大，更易风化。

② 多种矿物组成的岩石因其膨胀系数不同，矿物颗粒间产生很大的温度应力，削弱了晶粒间的连接，导致岩石破坏、风化。如 50 ℃时，石英的膨胀系数为 31×10^{-6}，正长石为 17×10^{-6}，普通角闪石为 28.4×10^{-6}。当温度变化时，联结在一起的矿物颗粒就会彼此分离，使完整的岩石破裂松散。

③ 由均匀的小粒径矿物颗粒组成的单矿岩，其膨胀和收缩变化比较一致，较颗粒大小不一或颗粒大的岩石风化速度慢。

温度变化的速度和幅度，特别是变化速度，对物理风化作用的强度有着重要的影响。温度变化速度越快，收缩和膨胀交替越快，岩石破裂越迅速，因而温度的日变化对物理风化影响最大，年变化影响较小。在昼夜变化剧烈的干旱沙漠地区，昼夜温差

最高可达50～60 ℃,这些地区的物理风化作用最为强烈。这种由于温度变化产生的风化作用称为温差风化作用。

(2) 岩石释重

岩石因为上覆巨厚的岩层承受着巨大的静压力,一旦上覆岩层遭受卸荷,岩石释重,随之产生向上或向外的膨胀力作用,形成一系列与地表平行的节理。处于地下深处承受巨大静压力的岩石在开采时,岩体中聚积的弹性变形势能在一定条件下突然猛烈释放,其潜在的膨胀力十分惊人,这种现象发生在岩层中叫岩爆,发生在煤矿中一般叫冲击地压。轻微的岩爆仅有剥落岩片,无弹射现象;严重的岩爆可引发4级以上的地震,烈度可达7～8度,破坏地面建筑物,并伴有很大的声响。岩石释重形成的节理,为水和空气的活动提供了通路,加速了风化作用。

(3) 冰劈作用

冰劈作用主要发生在严寒的高纬度地区和低纬度的高寒山岳地区,若雨水和融雪水侵入岩体的裂隙,当岩石温度低于水的冰点时,液态水变为固态冰,体积膨胀约9%,对裂隙产生很大的膨胀压力,使原有裂隙进一步扩大,同时产生更多的新裂隙。当温度升高至冰点以上时,冰融化成水,体积减小,扩大的空隙中又有水渗入。年复一年,岩体逐渐崩解成碎块,这种物理风化作用称为冰劈作用,又称为冰冻风化作用

(4) 可溶盐的结晶与潮解

在干旱及半干旱气候区,广泛地分布着各种可溶盐类,有些盐类具有很大的吸湿性,能从空气中吸收大量的水分而潮解,最后成为溶液。当温度升高时,水分蒸发,盐分又会结晶析出,体积显著增大。由于可溶盐溶液在岩体裂隙中结晶时的撑裂作用,使裂隙逐渐扩大,导致岩体松散破坏。可溶盐的结晶撑裂作用,在干旱的内陆盆地十分引人注目。盐类结晶对岩石所起的物理破坏作用,主要取决于可溶盐的性质,同时与岩体的裂隙度以及构造特征有关。

物理风化作用首先使岩石的整体性遭到破坏,随着风化程度的加剧,岩石逐渐成为岩石碎屑或松散的矿物颗粒。由于碎屑逐渐变细,与大气、水、生物等营力接触的自由表面不断增大,风化作用的性质发生相应的转化,物理风化作用相对削弱,在一定的条件下,化学风化将起主要作用。

2. 化学风化作用

在地表或接近地表的条件下,岩石、矿物在原地发生化学变化,产生新的矿物的过程称为化学风化作用。引起化学风化作用的主要因素是水和氧气。自然界的雨水、地面水或是地下水,都溶解有多种气体(CO_2、O_2等)和化合物(酸、碱、盐等),是水溶液,水溶液通过溶解、水化、水解、碳酸化等方式促使岩石化学风化;氧的作用方式是氧化作用。

(1) 溶解作用

水直接溶解岩石中的矿物的作用称为溶解作用。溶解作用使岩石中的易溶物质

逐渐溶解随水流失，难溶的物质则残留于原地。岩石由于可溶物质被溶解导致孔隙增加，削弱了颗粒间的结合力，从而降低了岩石的坚实程度，更易遭受物理风化作用而破碎。

最容易溶解的矿物是卤化盐类（岩盐、钾盐），其次是硫酸盐类（石膏、硬石膏），再次是碳酸盐类（石灰岩、白云岩）。岩石在水里的溶解作用一般进行得十分缓慢，但是当水的温度升高以及压力增大时，水的溶解作用就比较活跃，特别是当水中因含有侵蚀性的 CO_2 而发生碳酸化作用时，水的溶解作用会显著增强，如在石灰岩分布地区，由于溶解作用，经常会产生溶洞、溶穴等岩溶现象。

(2) 水化作用

有些矿物与水接触后发生化学反应，吸收一定量的水到矿物中形成含水矿物，这种作用称为水化作用，如硬石膏经过水化作用变为石膏。

$$CaSO_4 + 2H_2O = CaSO_4 \cdot 2H_2O$$

石膏为含水矿物，硬度低于无水矿物，同时由于在水化过程中结合了一定数量的水分子，改变了原有矿物的成分，引起体积膨胀，对岩石也具有一定的破坏作用。

(3) 水解作用

某些矿物溶于水后，出现离解现象，其离解产物可与水中的 H^+ 和 OH^- 发生化学反应，生成新的矿物，这种作用称为水解作用。例如正长石 $K(AlSi_3O_8)$ 经水解作用后，形成的 K^+ 与水中 OH^- 结合，形成 KOH 随水流失；析出一部分 SiO_2 可呈胶体溶液随水流失，或形成蛋白石 $SiO_2 \cdot nH_2O$ 残留于原地；其余部分可形成难溶于水的高岭石 $Al_4(Si_4O_{10})(OH)_8$ 残留于原地。

$$4K(AlSi_3O_8) + 6H_2O = 4KOH + 8SiO_2 + Al_4(Si_4O_{10})(OH)_8$$

(4) 碳酸化作用

当水中溶有 CO_2 时，水溶液中除 H^+ 和 OH^- 外，还有 CO_3^{2-} 和 HCO_3^-，碱金属及碱土金属与之相遇会形成碳酸盐，这种作用称为碳酸化作用。硅酸盐矿物经碳酸化作用，其中碱金属变成碳酸盐随水流失，如花岗岩中的正长石 $K(AlSi_3O_8)$ 受到长期碳酸化作用时，则发生如下反应生成高岭石 $Al_4(Si_4O_{10})(OH)_8$。

$$4K(AlSi_3O_8) + 4H_2O + 2CO_2 = 2K_2CO_3 + 8SiO_2 + Al_4(Si_4O_{10})(OH)_8$$

(5) 氧化作用

矿物中的低价元素与大气中的氧结合生成高价元素的作用，称为氧化作用。氧化作用是地表极为普遍的一种自然现象，在湿润的情况下更为强烈。在自然界中，有机化合物、低价氧化物、硫化物最容易发生氧化作用，尤其是低价铁常被氧化成高价铁，例如常见的黄铁矿（FeS_2）在含有游离氧的水中，经氧化作用形成褐铁矿 $FeO(OH) \cdot nH_2O$，同时产生对岩石腐蚀性极强的硫酸，可使岩石中的某些矿物分解形成洞穴或斑点，致使岩石破坏。

$$2FeS_2 + 7O_2 + 2H_2O = 2FeSO_4 + 2H_2SO_4$$

$$12FeSO_4 + 3O_2 + 6H_2O = 4Fe_2(SO_4)_3 + 4Fe(OH)_3$$

$$4Fe_2(SO_4)_3+6H_2O=2Fe(OH)_3+3H_2SO_4$$

3. 生物风化作用

岩石在动植物及微生物影响下发生的破坏作用称为生物风化作用，主要发生在岩石的表层和土中，分为生物物理风化作用和生物化学风化作用。

(1) 生物物理风化作用

生物物理风化作用是指生物的活动对岩石产生机械破坏作用，如蚂蚁、蚯蚓钻洞挖孔，不停地对岩石产生机械破坏，岩石破碎，土粒变细。生长在岩体裂隙中的植物，根部生长可撑裂岩石，不断地使岩体裂隙扩大、加深，使岩体破碎。

(2) 生物化学风化作用

生物化学风化作用是指生物的新陈代谢及死亡后遗体腐烂分解产生的物质与岩体发生化学反应，促使岩体破坏的作用。如植物和细菌在新陈代谢过程中，通过分泌有机酸、碳酸、硝酸和氢氧化铵等溶液腐蚀岩石；动植物死后遗体腐烂可分解出有机酸和气体，溶于水后可对岩石造成腐蚀破坏；遗体还可形成含钾盐、磷盐、氮的化合物和各种碳水化合物的腐殖质，从而促进岩体物质的分解。

岩石矿物经过物理、化学风化作用后，再经过生物的化学风化作用，就不再是单纯的无机组成的松散物质，它具有了植物生长必不可少的腐殖质，这种具有腐殖质、矿物质、水和空气的松散物质叫做土壤，它是矿物和有机物的混合组成部分。不同地区的土壤具有不同的结构及物理化学性质，据此全世界可以划分出多种土壤类型，每一种土壤类型都是在其特有的气候条件下形成的，例如热带气候下，强烈的化学风化和生物风化作用，使易溶物质流失殆尽，形成复含铁、铝的红壤。

6.1.2 风化程度以及风化带

岩石受风化作用后，改变了物理化学性质，其变化的情况随着风化程度的轻重而变化，岩石的完整性遭到破坏，风化程度越深的地区，地基承载力越低，边坡越不稳定。岩石的风化程度分为六级，见表6-1。

表6-1 岩石的风化程度分类

风化程度	野外特征	风化程度参数指标	
		波速比 K_v	风化系数 K_f
未风化	岩质新鲜，偶见风化痕迹	0.9～1.0	0.9～1.0
微风化	结构基本未变，仅解理面上有渲染或略有变色，有少量风化裂隙	0.8～0.9	0.8～0.9
中等风化	结构部分破坏，沿节理面有次生矿物，风化裂隙发育，岩体被切割成岩块，用镐难挖，用岩芯钻方可钻进	0.6～0.8	0.4～0.8

续表 6-1

风化程度	野外特征	风化程度参数指标	
		波速比 K_v	风化系数 K_f
强风化	结构大部分破坏,矿物成分显著变化,风化裂隙很发育,岩体破碎,用镐可挖,干钻不易钻进	0.4～0.6	<0.4
全风化	结构基本破坏,但尚可辨认,有残余结构强度,可用镐挖,干钻可钻进	0.2～0.4	—
残积土	组织结构全部破坏,已风化成土状,锹、镐易挖掘,干钻易钻进,具可塑性	<0.2	—

注:(1) 波速比 K_v 为风化岩石与新鲜岩石的压缩波速度之比。

(2) 风化系数 K_f 为风化岩石与新鲜岩石饱和单轴抗压强度之比。

(3) 花岗岩类岩石可采用标准贯入试验划分,$N \geqslant 50$ 为强风化;$30 \leqslant N < 50$ 为全风化;$N < 30$ 为残积土。

(4) 泥岩和半成岩可不进行风化程度的划分。

地壳表层岩石风化的结果,除一部分溶解物质流失以外,其碎屑残余物质和新生成的残余物质大都残留在原来岩石的表层。这个由风化残余物质组成的地表岩石的表层部分,或者说已风化了的地表岩石的表层部分,称为风化壳或风化带。在野外工作的基础上,还需对风化岩进行矿物组分、化学成分分析或声波测试等进一步研究,以便准确划分风化带。根据岩石的风化程度,风化剖面自上而下可分为四个风化带:微风化带、弱风化带、强风化带以及全风化带。岩石风化带及其基本特征如表 6-2 所列。

表 6-2　岩石风化带及其基本特征

风化分带	颜　色	岩石结构	破碎程度	岩石强度	锤击声
全风化带	原岩完全变色	完全破碎,矿物晶体间失去胶结联系,大部分矿物变异	用手可压碎成砂或土状	强度很低	哑
强风化带	大部分变色	结构大部分被破坏,矿物变质形成次生矿物	松散破碎,完整性差	岩块单轴抗压强度小于原岩的 1/3	哑
弱风化带	部分易风化矿物变色	结构部分被破坏,沿裂隙面部分矿物变异,可能形成风化夹层	风化裂隙发育,完整性较差	单轴抗压强度为原岩的 1/3～2/3	发声不够清脆
微风化带	仅沿裂隙表面略有改变	结构未变,沿节理面稍有风化现象或水锈	有少量风化裂隙,但不易和新鲜岩石区别	比新鲜岩石略低,不易区别	发声清脆

6.1.3　风化的治理

① 挖除法，适用于风化层较薄的情况，当厚度较大时，通常只将严重影响建筑物稳定性的部分剥除。挖除风化岩石是一个困难耗时的过程，应尽量少挖。

② 抹面法，即用使水和空气不能透过的材料如沥青、水泥、粘土层等覆盖岩层。

③ 胶结灌浆法，是指用水泥、沥青、水玻璃、粘土等浆液灌入岩层或裂隙中，加强岩层的强度，降低透水性。

④ 排水法，通过隔水这一风化作用最活跃的因素，减弱了岩石的风化速度。

6.2　滑　坡

滑坡是斜坡土体和岩体在重力的作用下失去原有的稳定状态，沿着斜坡内某些滑动面做整体向下滑动的现象，是山区常见的地质灾害，也是破坏性最大的不良地质现象之一。通常滑坡滑动的岩土体具有整体性，除了滑坡边缘线一带和局部地方有较少的崩塌、裂隙外，大体上保持原岩的整体性；其次，斜坡上岩土体的移动方式为滑动，不是倾倒或滚动，因而滑坡体的下缘常为滑动面或滑动带的位置。此外，有些滑坡滑动速度一开始就很快，滑坡体的表层会发生翻滚现象，因而称为崩塌性滑坡。规模大的滑坡一般是缓慢下滑，滑动过程可延续几年、几十年甚至更长的时间，其移动速度多在突变加速阶段才显著。

6.2.1　滑坡的要素

一个发育完全的比较典型的滑坡具有以下基本要素，如图 6 - 2 所示。

1. 滑坡体

滑坡体，斜坡内滑动面上向下滑动的岩土体。滑动的岩土体常保持原来的相对位置，但产生许多新的裂隙，个别部位遭受较强烈的扰动。滑坡体的体积大小不等，大型滑坡体可达几千万立方米。

2. 滑动面

滑动面，也称滑床面或滑面，指与临空面贯通的连续破坏面，即滑坡体与滑坡床的分界面，厚度较大时，形成滑动带。

3. 滑坡床

滑坡床，滑动面下伏未动的岩土体，完全保持原有的结构。

4. 滑坡周界

滑坡周界，滑坡体和周围不动岩土体的分界线。

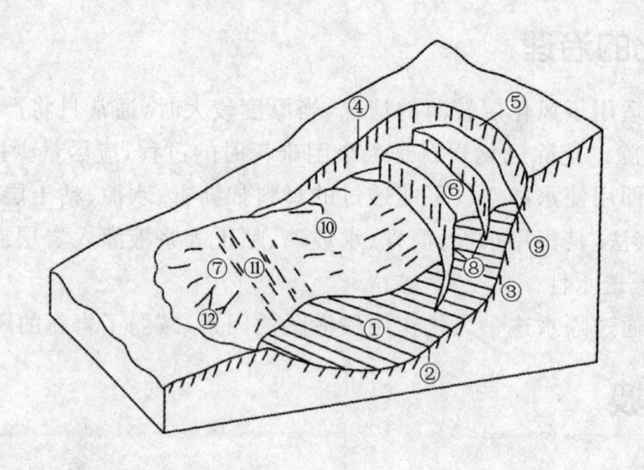

①—滑坡体；②—滑动面；③—滑坡床；④—滑坡周界；⑤—滑坡壁；⑥—滑坡台阶；
⑦—滑坡舌；⑧—张裂隙；⑨—主裂隙；⑩—剪裂隙；⑪—鼓张裂隙；⑫—扇形裂隙

图 6－2　滑坡要素示意图

5. 滑坡壁

滑坡壁，滑动面的上缘，即滑坡体与斜坡断开下滑后形成的陡壁。在平面上多呈圈椅状。

6. 滑坡台阶

滑坡台阶，滑坡体因各段下滑的速度、幅度的差异形成的阶梯状地面称为滑坡台阶。

7. 滑坡鼓丘

滑坡鼓丘，滑坡体在向前滑动时，因受到阻碍形成隆起的小丘，称为滑坡鼓丘。

8. 滑坡舌

滑坡舌，滑坡体的前部如舌状向前伸出的部分叫做滑坡舌。

9. 滑坡主轴

滑坡主轴，也称主滑线，为滑坡体滑动速度最快的纵向线，代表整个滑坡的滑动方向，滑动迹线可以是直线也可以是折线。

10. 滑坡裂缝

滑坡裂缝，在滑坡运动时，由于滑坡体各部分的移动速度不同，在滑坡体内及表面所产生的裂缝。根据受力状况不同，滑坡裂缝可以分为四种：

① 张裂缝，在斜坡将要发生滑动时，由于拉力的作用，在滑坡体的后部产生一些张口的弧形裂缝。与滑坡后壁相重合的张裂缝称为主裂缝。坡上张裂缝的出现是产生滑坡的前兆。

② 剪裂缝，滑坡体两侧和相邻的不动岩土体发生相对位移时，或滑坡体中央部分较两侧滑动快时，都会产生剪切作用，形成大体上与滑动方向平行的裂缝。这些裂缝的两侧常伴有羽毛状平行排列的次一级裂缝。

③ 鼓张裂缝，滑坡体下滑过程中，如果滑动受阻或上部滑动较下部快，则滑坡下部会向上鼓起并开裂，这些裂缝通常是张口的。鼓张裂缝的排列方向基本上与滑动方向垂直，有时交互排列成网状。

④ 扇形裂缝，滑坡体向下滑动时，滑坡舌向两侧扩散，形成放射状的张开裂缝，这些扇形张裂缝，也称滑坡前缘放射状裂缝。

6.2.2　滑坡的分类

为了进一步认识和治理滑坡，需要对滑坡进行分类，但由于自然界的地质条件和作用因素复杂，各种工程分类的目的和要求又不尽相同，因而可从不同角度进行滑坡分类。根据我国的实际情况，滑坡类型及特征如表6-3所列。

表6-3　滑坡类型及特征

划分依据	名称类型	滑坡的特征
斜坡岩土类型	粘性土滑坡	滑坡面基本呈圆弧状（铁道部门常用的分类方法）
	黄土滑坡	
	破碎岩石滑坡	
	岩石滑坡	
	堆填土滑坡	
	堆积土滑坡	
滑动面与层面的关系	均质滑坡	发生在层理不明显的泥岩、页岩、泥灰岩等软弱岩层中，滑动面均匀光滑
	切层滑坡	滑动面与层面相切的滑坡，在坚硬岩层与软弱岩层相互交替的岩体中的切层滑坡等
	顺层滑坡	沿层面或破裂面滑动，或沿坡积层与基岩交界面，或基岩间不整合面等滑动
滑坡主滑面的成因类型	堆积面滑坡	
	层面滑坡	
	构造面滑坡	
	同生面滑坡	

续表 6-3

划分依据	名称类型	滑坡的特征
滑动速度	蠕动型滑坡	肉眼难以看见运动，只能通过仪器鉴别
	慢速滑坡	每天滑动数厘米至数十厘米，肉眼可见滑动
	中速滑坡	每小时滑动数十厘米
	高速滑坡	每秒滑动数米至数十米
滑坡深度	浅层滑坡	<6 m
	中层滑坡	6～20 m
	深层滑坡	20～50 m
	超深层滑坡	>50 m
滑坡规模	小型滑坡	$<1\times10^5$ m³
	中型滑坡	$1\times10^5\sim1\times10^6$ m³
	大型滑坡	$1\times10^6\sim1\times10^7$ m³
	巨型滑坡	$>1\times10^7$ m³
形成年代	新滑坡	由于开挖山体形成的滑坡
	古滑坡	滑坡体的稳定期达到十年以上
	老滑坡	滑坡体的稳定期达到2～3年
	正在发展中的滑坡	
力学条件	牵引式滑坡	下部先滑动，诱发上部滑动
	推动式滑坡	上部先滑动，挤压下部滑动
	平移式滑坡	同时局部滑动，诱发整体滑动
	混合式滑坡	始滑部位上、下结合，共同作用
物质组成	土质滑坡	
	岩质滑坡	
滑动形式	转动式滑坡	
	平移式滑坡	

6.2.3 滑坡的发育过程

滑坡的形成受很多因素的控制，除第4章中提到的岩层倾角外，还受到坡体的岩土性质、地形地貌、气候条件、地表水、地下水、地震、爆破、机械震荡以及人为因素的影响。

一般来说，滑坡的发生是一个长期的变化过程，通常将滑坡的发育过程划分为三个阶段：蠕动变形阶段、滑动破坏阶段和渐趋稳定阶段。

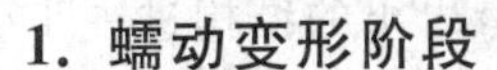

1. 蠕动变形阶段

斜坡在滑动之前通常是稳定的，有时在自然条件和人为因素的作用下，斜坡岩土体强度逐渐降低，斜坡的稳定状况受到破坏。当斜坡内部某一部分抗剪强度小于剪切力时，它会变形并产生微小的移动，变形可进一步发展，直至坡面出现断续的张拉裂缝。随着张拉裂缝的出现，渗水作用加强，变形进一步发展，后缘张拉，裂缝加宽，开始出现错距，两侧剪切裂缝相继出现。坡脚附近的岩土被挤压，滑坡出口附近潮湿渗水，此时滑坡面已大部分形成，但尚未全部贯通。斜坡变形进一步发展，后缘张拉裂缝不断加宽，错距增大，两侧羽毛状剪切裂缝贯通并撕开，斜坡前缘的岩土体挤紧并鼓出，出现较多的鼓张裂缝，滑坡出口附近渗水浑浊，这时滑动面已全部形成，接着便开始整体向下滑动。

从斜坡的稳定状况受到破坏，坡面出现裂缝，到斜坡开始整体滑动之前的这段时间称为滑坡的蠕动变形阶段。蠕动变形阶段所经历的时间有长有短，长的可达数年之久，短的仅数月或几天的时间。一般来说，滑动的规模越大，蠕动变形阶段持续的时间越长。斜坡在整体滑动之前出现的各种现象，叫做滑坡的前兆现象，常见的滑坡前兆特征有：

① 大滑动之前，在滑坡前缘坡脚处，有堵塞多年的泉水复活现象，或者出现泉水(井水)突然干枯，井(钻孔)水位突变、浑浊等类似的异常现象。

② 在滑坡体中，前部出现横向及纵向放射状裂缝，反映了滑坡体向前推挤并受到阻碍，已进入临滑状态。

③ 大滑动之前，滑坡体前缘坡脚处，土体出现上隆(凸起)现象，这是滑坡明显的向前推挤现象。

④ 大滑动之前，有岩石开裂或被剪切挤压的声响，反映了岩体深部的变形与破裂。

⑤ 临滑之前，滑坡体四周岩(土)体会出现小型崩塌和松弛现象。

⑥ 如果滑坡体有长期位移观测资料，那么在大滑动之前，水平位移量和垂直位移量均会出现加速变化的趋势，这是临滑的明显迹象。

⑦ 滑坡后缘的裂缝急剧扩展，并从裂缝中冒出热气或冷风。

⑧ 临滑之前，在滑坡体范围内的动物惊恐异常，植物变态，如猪、狗、牛惊恐不宁，不入睡，老鼠乱窜不进洞，树木枯萎或歪斜等。

滑坡是否发生，不能靠个别的前兆现象来判定，发现某一种前兆时，应尽快对滑坡体进行仔细查看，迅速做出综合判定，这对滑坡的预测和治理都很重要。

2. 滑动破坏阶段

滑坡在整体下滑时，滑坡后缘迅速下陷，滑坡壁越露越高，滑坡体分裂成数块，并在地面上形成阶梯状地形，滑坡体上的树木东倒西歪，形成“醉林”，滑坡体上的建筑物严重变形以致倒塌毁坏。随着滑坡体向前滑动，滑坡体向前伸出，形成滑坡舌。在滑坡滑动的过程中，滑动面附近湿度增大，并且由于重复剪切，岩土的结构进一步破坏，从而引起岩土抗剪强度进一步降低，促使滑坡加速滑动。滑坡滑动的速度大小取决于滑动过程中岩土抗剪强度降低的绝对值，并和滑动面的形状、滑坡体的厚度、长度以及滑坡在斜坡上的位置有关。如果岩土抗剪强度降低的数值不多，滑坡只表现为缓慢地滑动；如果在滑动过程中，滑动带岩土抗剪强度降低的绝对数值较大，滑坡的滑动速度快、来势猛，滑动时往往伴有巨响并产生很大的气浪，有时造成巨大灾害。

3. 渐趋稳定阶段

由于滑坡体在滑动过程中具有动能，所以滑坡体能越过平衡位置，滑到更远的地方。滑动停止后，除形成特殊的滑坡地形外，岩性、构造和水文地质条件等方面都相继发生了一些变化。例如，地层的整体性破坏；岩石变得松散破碎、透水性增强、含水量增高；岩石的倾角变缓或变陡，断层、节理的方位发生有规律的变化；地层的层序受到破坏；局部老地层会覆盖在第四纪地层之上等。

在自重的作用下，滑坡体上松散的岩土逐渐压密，地表的各种裂缝逐渐被充填，滑动带附近的岩土体强度逐渐增加，整个滑坡的稳定性提高。经过若干时期后，滑坡体上的“醉林”重新垂直向上生长，但其下部已不能伸直，因而树干呈弯曲状，有时称为“马刀树”，这是滑坡趋于稳定的一种现象。当滑坡体上的台地变平缓，滑坡后壁变缓并生长草木、没有崩塌发生，滑坡体中岩土压密，地表没有明显裂缝，滑坡前缘无水渗出或流出清凉的泉水时，就表示滑坡已基本趋于稳定。滑坡趋于稳定的特征可总结如下：

① 后壁较高，长满了树木，找不到擦痕，且十分稳定。

② 滑坡平台宽大，且已夷平，土体密实，有沉陷现象。

③ 滑坡前缘的斜坡较陡，土体密实，长满树木，无松散崩塌现象。前缘迎河部分有被河水冲刷过的现象。

④ 河水远离滑坡的舌部，甚至在舌部外已有漫滩、阶地分布。

⑤ 滑坡体两侧的自然冲刷沟切割很深，甚至已达到基岩。

⑥ 滑坡体舌部的坡脚有清澈的泉水流出。

滑坡趋于稳定后，如果滑坡产生的主要因素已消除，滑坡就不再滑动，进入长期稳定状态；若产生滑坡的主要因素并未完全消除，当积累到一定程度后，稳定的滑坡会再次发生滑动。

6.2.4 滑坡的影响因素

引起斜坡岩土体失稳的因素称为滑坡因素。这些因素可使斜坡外形改变、岩土体性质恶化、增加附加荷载等，从而导致滑坡产生。概括起来，滑坡的主要因素有以下几种：

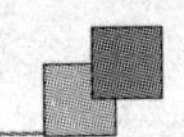

1. 斜坡外形

斜坡的存在使滑动面能在斜坡前缘临空出露,这是滑坡产生的先决条件。一般江、河、湖(水库)、海、沟的斜坡,前缘开阔的山坡、铁路、公路和工程建筑物的边坡等都是易发生滑坡的地貌部位。同时,斜坡的高度、坡度、形状等要素可使斜坡内力状态变化,进而导致斜坡失稳,斜坡越陡、越高,越容易滑坡。当斜坡上部凸出下部凹进,坡脚无抗滑地形时,滑坡也易发生。

2. 岩　性

岩土体是产生滑坡的物质基础,各类岩土都有可能构成滑坡体。通常岩土体的力学强度越高、越完整,滑坡就越少;反之,如果岩土体结构松散,抗剪强度和抗风化能力低,滑坡容易发生,如软硬相间的岩层,在水的作用下性质发生变化的岩土体,包括松散覆盖层、黄土、红粘土、页岩、泥岩、片岩、板岩、千枚岩等。滑坡滑面的岩土性质直接影响着滑速,滑坡面的力学强度越低,滑坡体的滑速越高。

3. 构　造

组成斜坡的岩土体当被各种构造面切割成不连续状态时,才有可能滑动,地质构造越发育,形成滑坡的规模也就越大越多。同时,构造面又为水提供了入渗通道,所以节理、层面、断层发育的斜坡,特别是当平行和垂直斜坡的陡倾角构造面及顺坡缓倾的构造面发育时,最易发生滑坡。

4. 水

水可以软化岩石,降低岩石强度,加快风化速度。除此之外,地表水还可以侵蚀冲刷坡脚;地下水产生的动水压力和孔隙水压力可以潜蚀岩土体,对透水岩层产生浮托力等。不少滑坡有“大雨大滑、小雨小滑、无雨不滑”的特点。

5. 地　震

地震可诱发滑坡,此现象在山区非常普遍。地震首先破坏斜坡岩土体的结构,使粉砂层液化,从而降低了岩土体的抗剪强度;其次地震波在岩土内传递,使岩土体承受地震惯性力的作用,增加了滑坡体下滑力,促使滑坡发生。

6. 人为因素

① 开挖坡脚。修建铁路、公路、依山建房、建厂等工程,常常因坡体下部失去支撑发生滑坡。例如,我国西南、西北的一些铁路、公路、因修建时大力爆破、强行开挖,边坡事后陆陆续续在发生了滑坡,给道路施工、运营带来了危害。

② 蓄水、排水。水渠和水池的漫溢和渗漏、工业生产用水和废水的排放、农业灌溉等,均易使水流渗入坡体,加大孔隙水压力,软化岩土体,增大坡体容重,从而促使或诱发滑坡发生。

③ 斜坡加载。在坡体上方,任意堆填土石方等,可增加荷载,破坏了边坡的稳

定性。

6.2.5 滑坡的分布规律

1. 滑坡分布的时间规律

滑坡的活动时间主要与诱发滑坡的外界因素有关，如地震、温度、人类活动等，大致规律如下：

(1) 同时性

有些滑坡受诱发因素的作用后立即活动，如强烈地震、暴雨、海啸、风暴潮发生时会出现大量滑坡；人类不合理的活动，如开挖、爆破等也会诱发滑坡出现。

(2) 滞后性

有些滑坡发生时间稍晚于诱发因素作用的时间。这种滞后性规律在降雨诱发型滑坡中最为明显，该类滑坡多发生在暴雨、大雨和长时间的连续降雨后，滞后时间的长短与滑坡体的岩性、结构及降雨量有关。一般来讲，滑坡体越松散、裂隙越发育、降雨量越大，滑坡滞后的时间越短。

2. 滑坡分布的空间规律

① 江、河、湖(水库)、海、沟的岸坡地带，地形高差大的峡谷地区，山区、铁路、公路、工程建筑物的边坡地段等，都为滑坡形成提供了有利的地形地貌条件。

② 地质构造带中，如断裂带、地震带等易发生滑坡。通常，地震烈度大于7度的地区，坡度大于25°的坡体，在地震中极易发生滑坡；断裂带中因岩体破碎、裂隙发育，也有利于滑坡的形成。

③ 易滑的岩土分布区。松散覆盖层、黄土、泥岩、页岩、板岩等，都为滑坡的形成提供了物质基础。

④ 暴雨多发区或异常的强降雨地区。在这些地区，异常的降雨为滑坡发生提供了诱发因素。

上述地带的叠加区域，就形成了滑坡的密集发育区，如中国从太行山到秦岭、经鄂西、四川、云南到藏东一带就是这种典型地区，滑坡发生密度极大，危害非常严重。

6.2.6 滑坡的治理

滑坡的防治要贯彻“及早发现，预防为主；查明情况，综合治理；力求根治，不留后患”的原则，结合边坡失稳的因素和滑坡形成的内外条件，治理滑坡。我国防治滑坡的工程措施很多，归纳起来可分为三类：一是消除或减轻水危害；二是改善岩土体的力学性质；三是改善滑动面的性质。其主要工程措施如下。

1. 消除或减轻水危害

(1) 排除地表水

排除地表水是整治滑坡不可缺少的辅助措施，而且是应首先采取并长期运用的

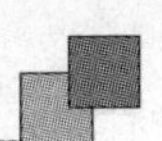

措施。其目的在于拦截、旁引滑坡区外的地表水；避免地表水流入滑坡区内；或将滑坡区内的雨水及泉水尽快排除，阻止雨水、泉水进入滑坡体内。主要工程措施有：设置滑坡体外截水沟、滑坡体上地表水排水沟、引泉工程、滑坡区绿化等。

(2) 排除地下水

对于地下水，可疏而不可堵，其主要工程措施有：

① 截水盲沟——用于拦截和旁引滑坡区外围的地下水。

② 支撑盲沟——兼具排水和支撑作用。

③ 仰斜孔群——用近于水平的钻孔把地下水引出。

此外，还有盲洞、渗管、垂直钻孔等排除滑坡体内地下水的工程措施。

(3) 防止河坡脚冲刷

防止河水、库水对滑坡体坡脚的冲刷，主要工程措施有：在滑坡体上游严重冲刷地段修筑促使主流偏向对岸的"丁坝"；在滑坡体前缘抛石、铺设石笼、修筑钢筋混凝土块排管，以使坡脚的土体免受河水冲刷。

2. 改善岩土体的力学性质

(1) 削坡减重

常用于治理处于"头重脚轻"状态而在前方又缺少可靠抗滑地段的滑体，使滑体外形改善、重心降低，从而提高滑体稳定性。削坡设计应尽量削减不稳定岩土体的高度，而阻滑部分岩土体不应削减。此法并不总是最经济、最有效的措施，要在施工前作经济技术比较。削坡处理示意图如图 6－3 所示。

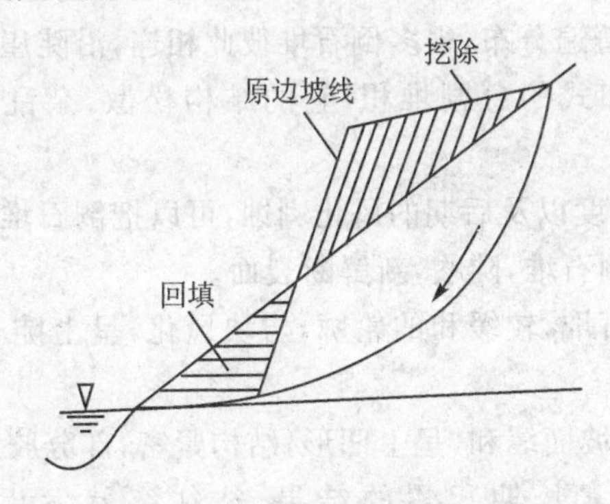

图 6－3　削坡处理示意图

(2) 修筑支挡工程

因失去支撑而滑动的滑坡一般较陡，滑动较快，可采用修筑支挡工程的办法，可增加滑坡的重力平衡条件，使滑体迅速恢复稳定。边坡人工加固常用的方法如下：

① 修筑挡土墙、护墙等，支挡不稳定的岩体。

② 钢筋混凝土抗滑桩或钢筋桩作为阻滑支撑工程。

③ 预应力锚杆或锚索，适用于加固有裂隙或软弱结构面的岩质边坡。

④ 固结灌浆或电化学加固法加强边坡岩体或土体。

⑤ SNS边坡柔性防护技术。

⑥ 镶补沟缝。对坡体中的裂隙、缝、空洞，可用片石填补空洞，水泥沙浆沟缝等以防止裂隙、缝、洞进一步发展。

3. 改善滑动面的性质

采用焙烧、电渗排水、压浆及化学加固等方法，可直接稳定滑坡。

由于滑坡成因复杂，影响因素多，因此常需要上述几种方法同时使用，综合治理，方能达到边坡稳定的目的。

6.3 崩 塌

6.3.1 崩塌及堆积地貌

陡峻或极陡斜坡上，某些大块或巨块岩体，突然崩落或滑落，顺山坡猛烈翻滚跳跃，岩块相互撞击破碎，最后堆积于坡脚，这一过程称为崩塌，堆积于坡脚的物质称为崩塌堆积物，也称岩堆或倒石堆。崩塌体为土质者，称为土崩；崩塌体为岩质者，称为岩崩；规模极大的崩塌称为山崩，仅个别巨石崩落称为坠石。

倒石堆的形态和规模与崩塌陡崖的高度、陡度、坡麓基坡坡度有关。基坡陡，在崩塌陡崖下多堆积成锥形倒石堆；基坡缓，多呈较开阔的扇形倒石堆。在深切峡谷区或大断层下，由于崩塌普遍分布，很多倒石堆彼此相连，沿陡崖坡麓形成带状倒石堆。由于倒石堆是一种倾卸式的急剧堆积，它的结构松散、杂乱、多孔隙、大小混杂无层理。

根据崩塌作用的强度以及后期的风化剥蚀，可以把倒石堆发育分为三个阶段：

① 正在发展中的倒石堆，陡峻，新鲜断裂面。

② 趋于稳定的倒石堆，较缓和的轮廓，岩块风化，呈上陡下缓的凹形坡，表面碎屑有一定固结。

③ 稳定的倒石堆，坡面缓和，呈上凹形，结构紧密，部分胶结，生长植被。

崩塌是不平衡因素长期积累的结果，往往突然发生，崩塌速度快，可达5～200 m/s。崩塌的规模往往很大，有时成千上万方石块崩落而下。崩塌堆积以大块岩石为主，直径大于0.5 m的石块往往占50%～70%。崩塌下落后，崩塌体各部分相对位置打乱，大小混杂。崩塌会摧毁建筑物，有时甚至毁坏整个居民点，掩埋公路和铁路，在我国西南、西北地区铁路两侧常见数百万立方米的崩塌。由崩塌带来的损失，不单是建筑物毁坏的直接损失，还包括中断交通给运输带来的巨大损失。

6.3.2　崩塌的分类

1. 根据坡地物质划分

① 崩积物崩塌，山坡上已有的崩塌岩屑和砂土等物质，当受到雨水浸湿或震动时，可再一次形成崩塌。

② 表层风化物崩塌，地下水沿风化层下部的基岩面流动可引起风化层沿基岩面崩塌。

③ 沉积物崩塌，由厚层的冰碛物、冲积物或火山碎屑物组成的陡坡形成崩塌。

④ 基岩崩塌，在基岩山坡面上，常沿节理面、地层面或断层面等发生的崩塌。

2. 根据移动形式和速度划分

① 散落型崩塌，在节理或断层发育的陡坡，或是软硬岩层相间的陡坡，或是由松散沉积物组成的陡坡，常形成散落型崩塌。

② 滑动型崩塌，沿某一滑动面发生崩塌，有时崩塌体保持了整体形态，和滑坡很相似，但垂直移动距离往往大于水平移动距离。

③ 流动型崩塌，松散岩屑、砂、粘土受水浸湿后产生流动崩塌。这种类型的崩塌和泥石流很相似，称为崩塌型泥石流。

6.3.3　崩塌的前兆特征

崩塌发生前一般会有如下前兆特征：

① 崩塌体后部出现裂缝。

② 崩塌体前缘掉块、土体滚落、小崩小塌不断发生。

③ 坡面出现新的破裂变形，甚至小面积土石剥落。

④ 岩质崩塌体偶尔发出撕裂摩擦声。

6.3.4　崩塌的发育条件

崩塌主要的发育条件可分为地质条件和外界因素。

1. 地质条件

(1) 地形地貌

江、河、湖(岸)、沟的岸坡及各种山坡、铁路、公路边坡，工程建筑物的边坡及各类人工边坡都是有利于崩塌产生的地貌部位，坡度大于45°的高陡边坡，孤立山嘴或凹形陡坡均是崩塌形成的有利地形。

(2) 岩土类型

岩土是产生崩塌的物质条件，不同类型的岩土形成崩塌的规模不同。通常岩性坚硬的各类岩浆岩、变质岩及沉积岩的碳酸盐岩、石英砂岩、砂砾岩、结构密实的黄土等可形成规模较大的岩崩；页岩、泥灰岩等互层岩石及松散土层等，往往以坠落和剥落为主。

(3) 地质构造

各种构造面，如节理、层面、断层等，对坡体的切割、分离，为崩塌的形成提供了脱离山体的边界条件。坡体中的裂隙越发育越易产生崩塌，与坡体延伸方向近乎平行的陡倾角构造面，最有利于崩塌的形成。

2. 外界因素

(1) 地　震

地震引起坡体晃动，破坏坡体平衡，从而诱发坡体崩塌，一般烈度大于 7 度以上的地震都会诱发大量崩塌。

(2) 水

融雪、降雨特别是暴雨以及长时间的连续降雨，使地表水入渗坡体，软化岩土及软弱面，产生孔隙水压力等从而诱发崩塌。地表水体不断冲刷坡脚，也能诱发崩塌。

(3) 人类活动

不合理的人类活动如开挖坡脚、地下采空、水库蓄水等，改变了坡体原始平衡状态，会诱发山体崩塌。

还有一些其他因素，如冻胀、昼夜温度的变化等也会诱发崩塌。

6.3.5　崩塌的时间分布规律

① 降雨过程之中或稍微滞后，这里说的降雨过程主要指特大暴雨、大暴雨、较长时间的连续降雨，是出现崩塌最多的时间。

② 强烈地震过程之中，主要指震级在 6 级以上的强震过程中，震中区(山区)通常有崩塌出现。

③ 开挖坡脚过程之中或滞后一段时间，因工程(或建筑场)施工开挖坡脚，破坏了上部岩土体的稳定性，常发生崩塌。崩塌的时间有的就在施工中，以小型崩塌居多，较多的崩塌发生在施工之后的一段时间里。

④ 水库蓄水初期及河流洪峰期，水库蓄水初期或库水位的第一个高峰期，库岸岩土体首次浸没软化，上部岩土体容易失稳，特别是在退水后产生崩塌的机率最大。

⑤ 强烈的机械震动及大爆破之后。

6.3.6　崩塌的治理

小型崩塌可以防止其发生，大型崩塌只好绕避，防治崩塌的主要措施有以下几种：

1. 排　水

在有水活动的地段，布置排水构筑物进行拦截与疏导，包括排出边坡地下水和防

止地表水渗入。

2. 锚 固

① 遮挡,即遮挡斜坡上部的崩塌物,常用于中、小型崩塌或人工边坡崩塌的防治中,如修建明洞、棚洞、御塌棚等,在铁路工程中较为常用。

② 拦截,仅在雨后才有坠石、剥落和小型崩塌的地段,可在坡脚或半坡上设置拦截构筑物,如设置落石平台和落石槽以停积崩塌物质;修建挡石墙以拦坠石;利用废钢轨、钢钎及纲丝等编制钢轨或钢钎栅栏来拦截。

③ 支挡,在岩石凸出或不稳定的大孤石下修建支柱、支挡墙或用废钢轨支撑。

④ 打桩,固定边坡。

⑤ 护墙、护坡,在易风化剥落的边坡地段修建护墙,对缓坡进行水泥护坡等,一般边坡均可采用。

3. 刷坡、削坡

在危石、孤石凸出的山嘴以及坡体风化破碎的地段,采用刷坡技术放缓边坡。

4. 镶补沟缝

对坡体中的裂隙、缝、空洞,可用片石填补空洞,水泥沙浆沟缝等以防止裂隙、缝、洞的进一步发展。

5. 灌 浆

在坡体风化破碎的地段,可充填硅酸盐水泥提高强度。

6.4 泥石流

泥石流是指在山区或者其他地形险峻的地区,因为暴雨、暴雪或其他自然灾害引发的山体滑坡并携带有大量泥砂以及石块的特殊洪流。它与一般洪水的区别是洪流中含有足够数量的泥砂石等固体碎屑物,其体积含量最少为15%,最高可达80%左右,比洪水更具有破坏力。

泥石流具有突发性、流速快、流量大、物质容量大和破坏力强等特点。泥石流的主要危害是冲毁城镇、企事业单位、工厂、矿山、乡村,造成人畜伤亡,破坏房屋及其他工程设施,破坏农作物、林木及耕地,如2010年8月的舟曲泥石流。此外,泥石流有时也会淤塞河道,不但阻断航运,还可能引起水灾。

世界上有50多个国家受到泥石流的潜在威胁,其中比较严重的有哥伦比亚、秘鲁、瑞士、日本和中国。我国有泥石流沟1万多条,70多座县城受到泥石流的潜在威胁,其中雨水泥石流大多分布在西藏、四川、云南和甘肃;冰雪泥石流主要分布在青藏高原。

6.4.1 泥石流的形成条件

泥石流的形成与所在地区的自然条件和人类经济活动密切相关。

1. 地质条件

泥石流发育的地区地质构造复杂、岩性软弱、风化强烈、地震频繁,因此岩体破碎,为泥石流的形成提供了丰富的固体物质。

2. 地形条件

地形上具备山高沟深、地形陡峻、沟床纵坡降大、流域形状便于水流汇集的特点;在地貌上,泥石流的地貌一般可分为形成区、流通区和堆积区三部分。

① 形成区,一般位于河流的上游,多为三面环山,一面出口的瓢状或漏斗状,周围山坡陡峻,多为30°～60°。坡体往往光秃破碎,植被生长不良,斜坡常被冲沟切割,崩塌、滑坡发育。这样的地形有利于水和碎屑物质的集中。形成区又可分为汇集和提供水源的汇水动力区以及提供泥砂、石块的物质供应区。

②流通区,是泥石流搬运的通过地段,多为狭窄而深切的峡谷或冲沟,谷壁陡峻,坡降大,多陡坎和跌水。泥石流进入本区后具有极强的冲刷能力,将沟床和沟壁上的土石冲刷下来携走。当流通区纵坡陡长而顺直时,泥石流流动畅通,可直泄而下,造成很大的危害;反之,由于易堵塞停积或改道,能量会削弱。

③ 堆积区,是泥石流物质的停积场所,一般位于山口外或山间盆地边缘。由于地形豁然开阔平坦,泥石流的动能急剧减小,最终停积下来,形成扇形、锥形或带形的堆积体,即洪积扇。当洪积扇稳定不再扩展时,泥石流的破坏力减缓而消失。

泥石流分区示意图如图6-4所示。

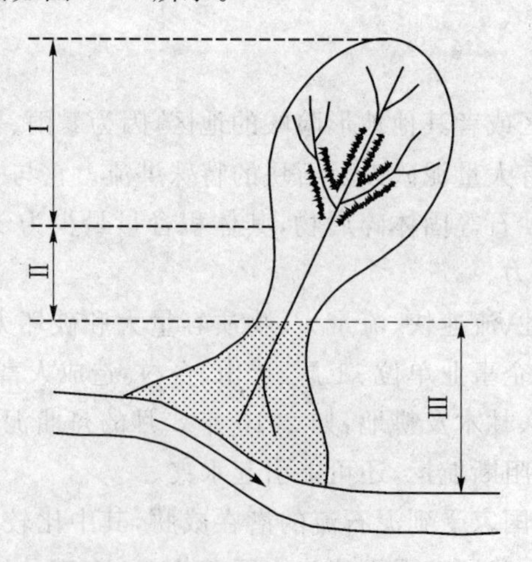

Ⅰ— 形成区;Ⅱ— 流通区;Ⅲ— 堆积区

图6-4 泥石流分区示意图

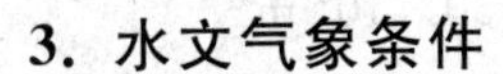

3. 水文气象条件

泥石流发生的水文气象条件是指暴雨给沟谷区域带来的大量汇集水。水既是泥石流的组成部分，又是泥石流的搬运介质。松散固体物质大量充水达到饱和或过饱和状态后，结构破坏，摩阻力降低，流动性增大，从而与水一起流动形成泥石流。春夏季节高强度的暴雨使得泥石流频发。

4. 人类活动的影响

人类活动不当可促使泥石流的发生或加剧，如乱砍滥伐森林、开垦陡坡等，严重破坏了植被，使山体裸露；同时开采、筑路任意堆放废弃渣也直接或间接地为泥石流提供了物质条件，有利于泥石流的形成。

综上所述，形成泥石流有三个基本条件：陡峻便于集水集物的适当地形、上游积有的丰富松散固体物质以及短期内突然性的大量流水。

6.4.2　泥石流的分类

1. 按物质成分划分

① 泥石流，由大量粘性土和粒径不等的砂粒、石块组成。

② 泥流，以粘性土为主，含少量砂粒、石块，粘度大，呈稠泥状。

③ 水石流，由水和大小不等的砂粒、石块组成。

2. 按流域形态划分

① 标准型泥石流，是典型的泥石流，流域呈扇形，面积较大，能明显地划分出形成区、流通区和堆积区。

② 河谷型泥石流，流域呈狭长条形，形成区多为河流上游的沟谷，固体物质来源较分散，沟谷中有时常年有水，故水源较丰富，流通区与堆积区往往不能明显分出。

③ 山坡型泥石流，流域呈斗状，其面积一般小于 1 000 m^2，无明显流通区，形成区与堆积区直接相连。

3. 按物质状态划分

① 粘性泥石流，含大量粘性土的泥石流或泥流，其特征是粘性大，固体物质占40%～60%，最高达80%。其中的水不是搬运介质，而是组成物质，稠度大，石块呈悬浮状态，突然暴发，持续时间短，破坏力大。

② 稀性泥石流，以水为主要成分，粘性土含量少，固体物质占10%～40%，有很大的分散性。水为搬运介质，石块以滚动或跃移方式前进，具有强烈的下切作用。其堆积物在堆积区呈扇状散布，停积后似“石海”。

4. 按泥石流的流域划分

① 特大型泥石流，一次泥石流的固体物质总量大于 5×10^5 m^3。

② 大型泥石流，一次泥石流的固体物质总量为 $10\times10^4\sim50\times10^4$ m^3。

③ 中型泥石流，一次泥石流的固体物质总量为 $1\times10^4\sim10\times10^4$ m^3

④ 小型泥石流，一次泥石流的固体物质总量小于 1×10^4 m^3。

除以上划分方法外，泥石流也可以按成因划分为水川型泥石流和降雨型泥石流；或按泥石流的发展阶段划分为发展期泥石流、旺盛期泥石流和衰退期泥石流。

6.4.3 泥石流的发育特点

泥石流的发育具有季节性和周期性的特点。

1. 季节性

我国泥石流的暴发主要是受连续降雨、暴雨，尤其是特大暴雨集中降雨激发。因此，泥石流发生的时间规律是与集中降雨的时间规律相一致，具有明显的季节性，一般发生在多雨的夏秋季节，因集中降雨的时间差异而有所不同。四川、云南等西南地区的降雨多集中在 6—9 月，因此，西南地区的泥石流多发生在 6—9 月；西北地区降雨多集中在 6—8 月，尤其是 7、8 两个月降雨集中，暴雨强度大，因此西北地区的泥石流多发生在 7、8 两个月。据不完全统计，发生在这两个月的泥石流灾害约占该地区全部泥石流灾害的 90%以上。

2. 周期性

泥石流的发生受暴雨、洪水的影响，而暴雨、洪水总是周期性地出现，因此，泥石流的发生和发展也具有一定的周期性，且活动周期与暴雨、洪水的活动周期大体一致。暴雨和洪水两者的活动周期相叠加，常形成泥石流活动的一个高潮期。

6.4.4 泥石流的防治

1. 跨越工程

跨越工程是指修建桥梁、涵洞，从泥石流沟的上方跨越通过，让泥石流在其下方排泄，用以避防泥石流，铁道和公路交通部门为了保障交通安全常采用此措施。

2. 穿过工程

穿过工程是指修隧道、明洞或渡槽，从泥石流的下方通过，让泥石流从其上方排泄，也是铁路和公路通过泥石流地区的一个主要工程形式。

3. 防护工程

防护工程是指对泥石流地区的桥梁、隧道、路基等，修建防护建筑物，用以抵御或消除泥石流对主体建筑物的冲刷、冲击、侧蚀和淤埋等危害。防护工程主要有护坡、挡墙、顺坝和丁坝等。

4. 排导工程

其作用是改善泥石流流势，增大桥梁等建筑物的排泄能力，使泥石流按设计意图顺利排泄。排导工程主要包括导流堤、急流槽、束流堤等。

5. 拦挡工程

用以控制泥石流的固体物质和暴雨、洪水径流，削弱泥石流的流量、下泄量和能量，以减少泥石流对下游建筑工程的冲刷、撞击和淤埋等危害的工程措施。拦挡措施主要有拦渣坝、储淤场、支挡工程、截洪工程等。

对于防治泥石流，常采用多种措施相结合的方法进行治理。

6.5 岩 溶

岩溶，也称喀斯特(Karst)，是由于地表水或地下水对可溶性岩石溶蚀而产生的一系列地质现象。喀斯特原是南斯拉夫西北部伊斯特拉半岛上的石灰岩高原的地名，发育有典型的岩溶地貌，因此得名。岩溶与工程建设密切相关，可诱发库水渗漏、隧道涌水、路基破坏等问题，须十分注意。

6.5.1 岩溶的分类

喀斯特可划分为许多不同的类型。

① 按出露条件分为：裸露型喀斯特、覆盖型喀斯特、埋藏型喀斯特。

② 按气候带分为：热带喀斯特、亚热带喀斯特、温带喀斯特、寒带喀斯特、干旱区喀斯特。

③ 按岩性分为：石灰岩喀斯特、白云岩喀斯特、石膏喀斯特、盐喀斯特。

此外，还有按海拔高度、发育程度、水文特征、形成时期等不同的划分。由其他不同成因产生的形态上类似喀斯特的现象，统称为假喀斯特，包括碎屑喀斯特、黄土和粘土喀斯特、热融喀斯特和火山岩区的熔岩喀斯特等，它们不是由可溶性岩石所构成，在本质上不同于喀斯特。

6.5.2 岩溶的形态

1. 地表形态

(1) 溶沟、石芽、石林

地表水沿岩石表面流动，由溶蚀、侵蚀形成的许多凹槽称为溶沟。溶沟之间的突出部分叫石芽。石林是一种高大的石芽，可高达20～30 m，密布如林，故称石林。

(2) 峰丛、峰林、孤峰

峰丛和峰林是石灰岩遭受强烈溶蚀而形成的山峰集合体。峰丛是底部基坐相连的石峰；峰林是由峰丛进一步向深处溶蚀而形成的，仅基底稍许相连的石林；孤峰是岩溶区孤立的山峰，是峰林进一步发展的结果。

(3) 溶斗、溶蚀洼地、坡立谷

溶斗是岩溶区地表圆形或椭圆形的洼地。溶蚀洼地是由四周低山、丘陵和峰林所包围的封闭洼地。坡立谷是一种大型封闭洼地，也称溶蚀盆地。若溶斗和溶蚀洼地底部的通道被堵塞，可积水成塘，大的可以形成岩溶湖。

(4) 落水洞、干谷、盲谷

落水洞是岩溶区地表水流向地下或地下溶洞的通道，它是岩溶垂直流水对裂隙不断溶蚀坍塌形成的。在河道中的落水洞，常使河水全部汇入地下，使河水断流形成干谷或盲谷。

2. 地下形态

(1) 溶　洞

又称洞穴，它是地下水沿着可溶性岩石的层面、节理或断层进行溶蚀和侵蚀形成的地下孔道。溶洞中的喀斯特形态主要有石钟乳、石笋、石柱、石幔、石灰华和泉华。贵州著名景点安顺龙宫和织金县的织金洞就是地下喀斯特地貌的杰作。

(2) 暗　河

岩溶地区地下沿水平溶洞流动的河流。

6.5.3 岩溶的形成条件

1. 岩石的可溶性

可溶性岩石是岩溶发育的物质基础，岩石成分和结构特征影响着岩溶的发育程度。岩石的成分不同，溶解度也不同，按其成分，可溶性岩石分为碳酸盐类岩石(如石灰岩、白云岩和大理岩)、硫酸岩类岩石和氯化盐类岩石，其中碳酸盐类岩石溶解度最小，氯化盐类岩石溶解度最大，但是在可溶性岩石中，碳酸盐类岩石分布最广，矿物成分均一，可以全部被含有 CO_2 的水溶解，是发育岩溶的最主要地层。

2. 岩石的透水性

岩石的透水性主要取决于岩层中空隙的发育程度，尤其是岩层中断层的发育程度和空间分布情况，对岩溶的发育程度和分布规律起着控制作用。

3. 水的溶蚀性

水的溶蚀性主要取决于 CO_2 的含量，水中侵蚀性 CO_2 越多，水的溶蚀能力越强，会大大增加对石灰岩的溶解速度，湿热的气候条件更利于溶蚀作用的进行。

4. 水的流动性

水的流动性主要取决于石灰岩层中水的循环条件与地下水的补给、渗流及排泄。

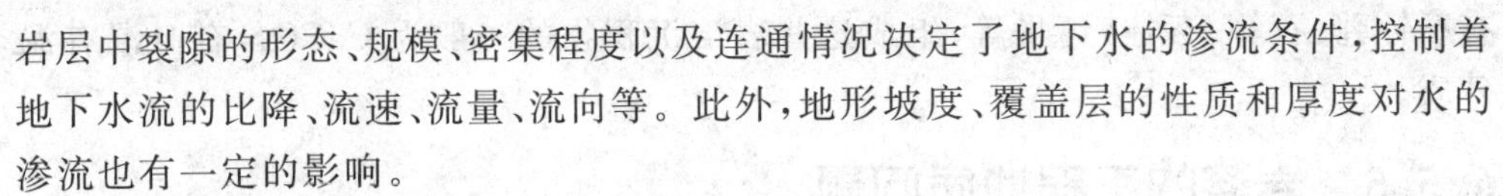

岩层中裂隙的形态、规模、密集程度以及连通情况决定了地下水的渗流条件，控制着地下水流的比降、流速、流量、流向等。此外，地形坡度、覆盖层的性质和厚度对水的渗流也有一定的影响。

地下水的主要补给是大气降水，降雨量大的地区，水源补给充沛，岩溶更易发育。

6.5.4 岩溶的分布规律

岩溶的发育强度取决于地下水的交替强度，在同一地区，地下水交替强度大的地段岩溶更发育。由于地下水交替强度一般是从河谷向分水岭核部逐渐变弱，则岩溶发育程度也由河谷向分水岭核部逐渐减弱，在一些特殊条件的影响下，这一水平方向的分布现象可能遭到破坏。有断层破碎带存在的地段，岩溶发育程度好；可溶性岩层与非可溶性岩层接触带，有利于水的活动，岩溶更易发育。

由于岩层的裂隙随深度的增加逐渐减小，地下水运动也相应减弱，岩溶的发育一般随深度增加而减弱。在岩溶地区地下水的运动状况具有明显的垂直分带性，因而形成的岩溶也有垂直分带特征。

1. 垂直循环带或称包气带

垂直循环带或称包气带位于地表以下，地下水位以上，平时无水，只有降水时有水渗入，形成垂直方向的地下水通道。呈漏斗状的称为漏斗，呈井状的称为落水洞，本带内发育有大量的漏斗和落水洞。在本带内如果有透水性差的透镜体岩层，则可形成“悬挂水”或称“上层滞水”。岩溶作用可形成局部的水平或倾斜岩溶通道。

2. 季节循环带或称过渡带

季节循环带或称过渡带位于地下水最低水位和最高水位之间，受季节性影响。当处于干旱季节时，地下水位最低，该带与包气带结合起来，渗透水流垂直下流。当处于雨季时，地下水位为最高水位，该带地下水饱和，渗透水流呈水平流动，因而在本带可形成的岩溶通道是水平与垂直交替的。

3. 水平循环带或称饱水带

水平循环带或称饱水带位于最低地下水位之下，常年充满水，地下水水平流动或往河谷排泄，因而本带形成的水平通道，称为溶洞。如溶洞中有水流，称为地下暗河。往往河谷底向上排泄的岩溶水具有承压性质，因而岩溶通道也常常呈放射状分布。

4. 深循环带

深循环带内地下水的流动方向取决于地质构造和深循环水。由于地下水很深，不向河底流动而是排泄到远处，深循环带中水的交替强度很小，岩溶发育速度和程度很小，但可在很长的地质时期中缓慢形成岩溶现象，这种岩溶形态一般为蜂窝状小孔，或称溶孔。

水的活动不仅限于对围岩的溶蚀和冲刷，还会造成沉积现象，如在溶洞内沉积的

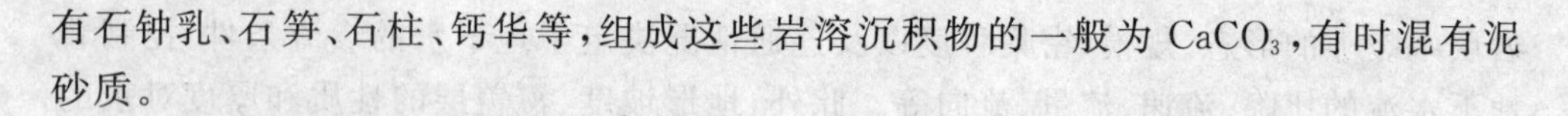

有石钟乳、石笋、石柱、钙华等，组成这些岩溶沉积物的一般为 $CaCO_3$，有时混有泥砂质。

6.5.5 岩溶的工程地质问题

1. 降低了岩石强度

岩溶水在可溶岩层中溶蚀，使岩层产生孔洞，最常见的是岩层中的溶孔或小洞，使岩石结构松散，强度降低。

2. 基岩面起伏不平

因石芽、溶沟、溶槽的存在，地表基岩参差不齐，如果用作地基场地的话，必须经过处理。

3. 漏斗影响地面的稳定性

当土洞或溶洞顶板塌落时，塌落的岩块堆于洞穴底部呈漏斗状洼地。这类漏斗因其塌落的突然性，会使地表建(构)筑物的安全受到威胁。

4. 溶洞对地基稳定性的影响

判断溶洞对地基稳定性的影响应考虑如下三个问题：

① 溶洞的分布密度和发育情况。一般认为，若溶洞分布密度大，且溶洞发育处于地下水交替最活跃的循环带内，洞径较大、顶板薄、裂隙发育，则此地不宜作为建筑场地和地基。如果溶洞是早期形成的，已被第四纪沉积物充填，并证实不再活动，可根据洞顶板的承压性能，决定是否可用做地基。石膏或岩盐溶洞地区不宜作为天然地基。

② 溶洞的埋深。一般认为，如果溶洞埋深很浅，溶洞的顶板就不稳定，甚至会发生地表塌落。当溶洞顶板厚度大于溶洞最大宽度的 1.5 倍时，如果溶洞顶板岩石比较完整、坚硬，则溶洞顶板作为一般的地基是安全的。如果溶洞顶板岩石破碎，则上覆岩层的厚度大于溶洞最大宽度的 3 倍时，溶洞的埋深是安全的。此评定仅适用于一般建(构)筑物的地基。

③ 抽水的影响。一般认为，在有溶洞的场地，特别是有大片土洞存在的情况下，如果抽取地下水，则地下水位大幅度下降，破坏了多年的水位均衡状态，大大减弱了地下水对土层的浮托力，加大了地下水循环，动水压力会破坏一些土洞顶板的平衡，引起顶板破坏和地表塌陷，进而可影响溶洞顶板的稳定性，危及地面建筑物的安全。

6.5.6 岩溶的防治

当建筑物的位置可以移位时，为了减少工程量和确保建筑物的安全，应首先设法避开有威胁的岩溶区，若不能避开，则需考虑治理方案，常用的工程治理方案如下：

① 疏导。对岩溶水易疏不易堵，一般采用明沟、泄水洞等方式加以疏导。

② 跨盖。当溶洞埋藏较深或洞顶不稳定时，可采用跨盖方案，如采用长梁式基础、桁架式基础或刚性大平板等跨越。

③ 挖填。挖出洞内的软弱充填物，回填碎石、石块或混凝土等，并分层夯实。

④ 灌注。当不能采用跨盖和挖填方法时，可采用水泥或水泥粘土混合灌浆于岩溶裂隙中。

⑤ 加固。当溶洞埋深较大时，可采用桩基处理，如混凝土桩、木桩、砂桩等。

6.6 地　震

地震又称地动、地振动，是地壳快速释放能量过程中造成的振动，期间会产生地震波的一种自然现象。据统计，地球上每年约发生500多万次地震，即每天要发生上万次地震。其中绝大多数太小或太远，人们感觉不到；真正能对人类造成严重危害的地震大约有一二十次；能造成特别严重灾害的地震大约有一两次。人们感觉不到的地震，必须用地震仪才能记录下来；不同类型的地震仪能记录不同强度、不同远近的地震。世界上运转着数以千计的各种地震仪器，日夜监测着地震的动向。

据历史记载，等级最高的地震为1960年的智利大地震，里氏9.5级，发生在智利中部海域，引发了海啸及火山爆发。1976年的中国唐山地震和1995年的日本阪神地震是世界最典型的城市“直下型地震”，所谓直下型地震即震源位置所在地发生的地震。

6.6.1 地震的基本概念

1. 震源震中

(1) 震　源

地球内部直接产生破裂的地方称为震源，它是一个区域，但研究地震时常把它看成一个点。

(2) 震源深度

从震源到地面的垂直距离叫做震源深度。通常把震源深度在60 km以内的地震称为浅源地震，60～300 km的地震称为中源地震，300 km以上的地震称为深源地震。

绝大多数地震都是浅源地震，震源深度集中在5～20 km左右，如1976年的唐山地震的震源深度为8 km；中源地震较少，深源地震更少。目前世界上记录到的震源最深的地震是1934年6月29日发生于印度尼西亚苏拉威西岛东的地震，震源深度720 km，震级为6.9级。我国吉林和黑龙江省东部也发生过深源地震，如1969年

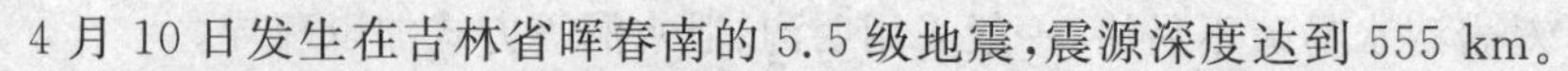

4月10日发生在吉林省晖春南的5.5级地震，震源深度达到555 km。

同等级的地震，当震源较浅时，波及的范围小，破坏性较大；当震源深度较大时，波及的范围较大，破坏性相对较小。深度超过100 km的地震，在地面上几乎不会引起灾害。

(3) 震　中

地面上正对着震源的那一点称为震中，实际上也是一个区域。

根据地震仪记录测定的震中称为微观震中，用经纬度表示；根据地震宏观调查所确定的震中称为宏观震中，它是极震区(也称震中区，是震后破坏程度最严重的地区，往往也就是震中所在的地区)的几何中心，也用经纬度表示。由于方法不同，宏观震中与微观震中往往不重合。1900年以前没有仪器记录时，地震的震中位置都是按破坏范围而确定的宏观震中。

(4) 震中距

从震中到地面上任何一点的距离叫做震中距。同样大小的地震，在震中距越小的地方，影响或破坏越大。根据震中距，地震可以分为：

① 地方震：震中距小于100 km的地震。

② 近震：震中距为100～1 000 km的地震。

③ 远震：震中距大于1 000 km的地震。

2. 地震震级

震级是指一次地震释放能量的大小，是固定值。中国目前使用的震级标准，是国际上通用的里氏分级表，共分10个等级。在实际测量中，震级则是根据地震仪对地震波所作的记录计算出来的。4.5级以上的地震可以在全球范围内监测到。按震级大小可把地震划分为以下几类：

① 弱震，震级<3级。如果震源不是很浅，一般不易觉察。

② 有感地震，3级≤震级≤4.5级。这种地震人们能够感觉到，但一般不会造成破坏。

③ 中强震，4.5级<震级<6级。属于可造成破坏的地震，但破坏轻重还与震源深度、震中距等多种因素有关。

④ 强震，震级≥6级。其中震级≥8级的又称为巨大地震。

地震愈大，震级愈大，震级每差一级，通过地震释放的能量约差32倍。震级与震源释放的总能量之间的关系为

$$\lg E = 11.8 + 1.5M \quad (6-1)$$

式中：E——地震的能量，单位是尔格(erg)；

M——地震震级。

震级与能量的关系如表6－4所列,震级影响及频率如表6－5所列。

表6－4　震级与能量的关系

震　级	能量(尔格)	相当于TNT当量	实　例
0.5	3.55×10^{12}	6 kg	手榴弹爆炸
1	2×10^{13}	30 kg	建筑爆破
2	6.31×10^{14}	1 t	二战期间常规炸弹
3	2×10^{16}	30 t	2003年大型燃料空气炸弹(MOAB)
4	6.31×10^{17}	1 000 t	小型原子弹
5	2×10^{19}	3.3×10^{4} t	美国二战结束前在日本广岛投放的原子弹
6	6.31×10^{20}	1×10^{6} t	1994年美国内华达州 Double Spring Flat 地震
7	2×10^{22}	3.4×10^{7} t	目前最大型原子弹
8	6.31×10^{23}	1.1×10^{9} t	1976年中国唐山7.8级大地震,2008年中国汶川8.0级大地震
9	2×10^{25}	3.5×10^{10} t	2011年日本9.0级大地震
10	6.31×10^{26}	1×10^{14} t	相当于一个直径约为100 km的石质陨石以25 km/s的速度撞击地球时产生的地震

表6－5　震级影响及频率

程　度	里氏等级	地震影响	全球发生频率
极微	2.0以下	很小,没感觉	8 000次/天
甚微	2.0～2.9	人一般没感觉,设备可以记录	1 000次/天
微小	3.0～3.9	经常有感觉,但很少会造成损失	49 000次/年
弱	4.0～4.9	室内东西摇晃出声,不太可能有大量损失,当地震超过4.5级时,全球的地震仪可以监测到	6 200次/年
中	5.0～5.9	可在小区域内对设计、建造不佳的建筑物造成严重破坏,但对设计、建造良好的建筑物只有少量损害	800次/年
强	6.0～6.9	可摧毁方圆160 km以内的居住区	120次/年
甚强	7.0～7.9	可对更大的区域造成严重破坏	18次/年
极强	8.0～8.9	可摧毁方圆数百公里的区域	1次/年
超强	9.0及以上	摧毁方圆数千公里的区域	1次/20年

3. 地震波

地震发生时,震源处产生剧烈震动,以弹性波方式向四周传播,此弹性波称为地震波。地震波在地球内部传播称为体波,到达地面后,沿地表面传播的波称为面波。

(1) 体　波

体波分为纵波和横波。地震波传播示意图如图 6－5 所示。

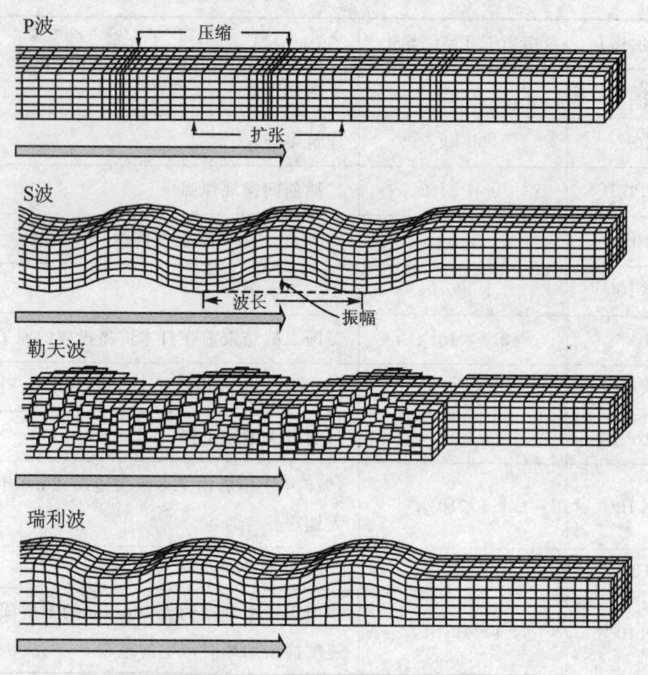

图 6－5　地震波传播示意图

① 纵波(P 波),是指振动方向与传播方向一致的波,既能在固体介质中传播,也能在液体或气体介质中传播,传播速度较快。来自地下的纵波引起地面上下颠簸振动,到达地面时人感觉颠动,物体上下跳动。

② 横波(S 波),是指振动方向与传播方向垂直的波,只能在固体介质中传播,传播速度比纵波慢。来自地下的横波能引起地面的水平晃动,到达地面时人感觉摇晃,物体会来回摆动,是造成破坏的主要原因。

(2) 面　波

面波分为勒夫波和瑞利波,只限于沿地表面传播,传播速度最慢。

① 勒夫波(Love Wave),又称 Q 波或地滚波,是一种面波,通过切变波在表层内的多次内反射而传播。

② 瑞利波(Rayleigh Wave),又称 R 波或 L 波,一种常见的界面弹性波,是沿半无限弹性介质自由表面传播的偏振波。

由于纵波在地球内部的传播速度大于横波,所以地震时,纵波总是先到达地表,而横波总落后一步。纵波引起地表上下颠簸,横波使地面水平摇摆,面波则引起地面波状起伏。纵波先到,横波和面波随后到达,由于横波、面波更剧烈,造成的破坏也更大。

4. 地震烈度

地震烈度表示地震对地表及工程建筑物影响的强弱程度，是在没有仪器记录的情况下，凭地震时人们的感觉或地震发生后器物反应的程度，工程建筑物的损坏或破坏程度，地表的变化状况而定的一种宏观尺度。

地震后，在地图上把地面破坏程度相同的各点连接起来的曲线，叫等震线。画有等震线的地图称作等震线图。根据等震线图，可以观察一次地震各地区的破坏以及地震能量传播的情形。等震线图的形式可以是同心圆的、同心椭圆的或是不规则形状的。

影响地震烈度大小的因素包括地震等级、震源深度、震中距离、土壤和地质条件、建筑物的性能、震源机制、地貌和地下水位等。

(1) 地震烈度表

为了在实际工作中评定烈度的高低，有必要制定一个统一的评定标准，这个规定的标准称为地震烈度表。世界各国使用的烈度表有几种形式。1883 年，意大利人罗西和瑞士人佛瑞尔发表了 RF 烈度表，将烈度从微震到大灾分为 10 度，并用简明语言规定了评定烈度的宏观现象与相应的标志，这种做法被广泛认同和采用。西方国家比较通行的是改进的麦加利烈度表，简称 M. M. 烈度表，从Ⅰ～Ⅻ度共分 12 个烈度等级。日本将无感定为 0 度，有感则分为Ⅰ～Ⅷ度，共 8 个等级。前苏联和中国均按 12 个烈度等级划分烈度表。中国 1980 年重新编订了地震烈度表，如表 6－6所列。常用烈度对应关系如表 6－7 所列。

表 6－6　中国地震烈度鉴定标准

烈度	人的感觉	一般房屋		其他现象	参考物理指标	
		大多数房屋震害程度	平均震害指数		加速度/（cm·s^{-2}）	速度/（cm·s^{-1}）
Ⅰ	无感					
Ⅱ	室内个别静止的人有感觉					
Ⅲ	室内少数静止的人有感觉	门、窗轻微作响		悬挂物微动	31（22～44）	
Ⅳ	室内多数人有感觉，室外少数人有感觉，少数人惊醒	门、窗作响		悬挂物明显摆动，器皿作响	63（45～89）	

续表 6-6

烈度	人的感觉	一般房屋		其他现象	参考物理指标	
		大多数房屋震害程度	平均震害指数		加速度/(cm·s^{-2})	速度/(cm·s^{-1})
Ⅴ	室内人普遍有感觉,室外多数人有感觉,多数人惊醒	门窗、屋顶、屋架颤动作响,灰土掉落,抹灰出现微细裂缝		不稳的器物倾倒	125 (90～177)	3 (2～4)
Ⅵ	惊慌失措,仓皇逃出	损坏,个别砖瓦掉落,墙体出现微细裂缝	0～0.1	河岸和松散土出现裂缝,饱和砂层出现喷砂冒水,地面上有的砖烟囱裂缝掉头	250 (178～353)	6 (5～9)
Ⅶ	大多数人仓皇逃出	轻度破坏,局部破坏开裂,但不妨碍使用	0.11～0.30	河岸出现塌方,饱和砂层常见喷砂冒水,松散土上地裂缝较多,大多数砖烟囱中等破坏	500 (354～707)	13 (10～18)
Ⅷ	摇晃颠簸,行走困难	中度破坏,结构受损,需要修理	0.31～0.50	干硬土上亦有裂缝,大多数砖烟囱严重破坏	1 000 (708～1 414)	25 (19～35)
Ⅸ	坐立不稳,行动的人可能摔跤	严重破坏,墙体龟裂,局部倒塌,修复困难	0.51～0.70	干硬土上有许多裂缝,基岩上可能出现裂缝。滑坡塌方常见。有砖烟囱倒塌		50 (36～71)
Ⅹ	骑自行车的人会摔倒,处于不稳状态的人会摔出几尺远,有抛起感	倒塌,大部分倒塌,不堪修复	0.71～0.90	山崩和地震断裂出现。基岩上的拱桥破坏。大多数砖烟囱从根部破坏或倒塌		100 (72～141)
Ⅺ		毁灭	0.91～1.0	地震断裂延续很长,山崩常见,基岩拱桥毁坏		
Ⅻ				地面剧烈变化,山河改观		

表 6-7　常用烈度对应关系

地区或方法	烈度											
中国	Ⅰ	Ⅱ	Ⅲ	Ⅳ	Ⅴ	Ⅵ	Ⅶ	Ⅷ	Ⅸ	Ⅹ	Ⅺ	Ⅻ
(西方国家)麦加利烈度表	Ⅰ	Ⅱ	Ⅲ	Ⅳ	Ⅴ	Ⅵ	Ⅶ	Ⅷ	Ⅸ	Ⅹ	Ⅺ	Ⅻ
欧洲	Ⅰ	Ⅱ	Ⅲ	Ⅳ	Ⅴ	Ⅵ	Ⅶ	Ⅷ	Ⅸ	Ⅹ	Ⅺ	Ⅻ
RF	Ⅰ	Ⅱ	Ⅲ	Ⅳ	Ⅴ～Ⅵ	Ⅶ	Ⅷ	Ⅸ	Ⅹ			
日本	0	Ⅰ	Ⅱ	Ⅲ	Ⅳ	Ⅴ－	Ⅴ＋	Ⅵ－	Ⅵ＋	Ⅶ		

(2) 工程应用中的地震烈度

① 基本烈度，是指在今后的一定时期内，在一般的场地条件下，可能遭受的最大地震烈度。今后一定时期，一般取无特殊规定或要求的建筑物使用年限。一般场地条件是指标准地基土壤、一般地形、地貌、构造、水文地质等条件。因此，基本烈度就是未来一定时期内，在本区内可能遭到的最普遍的最大地震烈度。

基本烈度是地震区进行建筑设计的主要依据，有了基本烈度，才能在此基础上按建筑物的重要性根据规范选取设防标准，并按规范进行工程设计。

② 场地烈度，是指建设地点在工程有效使用期间内，可能遭遇的最大地震烈度。是在基本烈度的基础上，考虑了小区域地震烈度异常的影响后确定的。工程场地条件对建筑破坏程度的影响很复杂，特别是软弱地基上的建筑物破坏。场地烈度比基本烈度更符合工程建设地点的实际情况，可作为抗震设防的具体依据。

③ 设计烈度，是指在工程设计中，根据安全和经济需要加以调整的基本烈度。一般建筑物可采用基本烈度为设计烈度。如遇场地条件不良或建筑物重要性(如水库大坝、原子能发电站)，可以将场地基本烈度适当地提高作为设计烈度。

5. 地震序列

在一定的地方和一定时间内连续发生的一系列具有共同发震构造的一组地震，称为地震序列。

① 主震型序列，是指主震震级很突出，释放的地震波能量占全序列总能量的 90％以上，或最大震级和次大震级之差在 0.8～2.4 级。

② 多震型序列，也称震群，是指在地震序列中没有一个突出的主震，而是由震级相近的两次或多次地震组成，最大地震释放的能量一般只占全序列总能量的 80％以下，或最大震级和次大震级之差小于 0.7 级。

③ 单发型序列，也称孤立型序列，是指主震震级特别突出，前震和余震都很少且震级也很小，大小地震极不成比例，最大震级和次大震级大于 2.5 级。

6.6.2 地震的分类

地震除前文所讲按照震源深度、震级以及震中距分类外，还有下列的分类形式。

1. 按地震形成的原因分类

(1) 构造地震

构造地震，是由于岩层断裂、变位错动，在地质构造上发生巨大变化而产生的地震，也称断裂地震。此类地震是最主要的类型，约占地震总数的90%。构造地震又可分为以下四类：

① 孤立型地震，有突出的主震，余震次数少、强度低；主震所释放的能量占全序列的99.9%以上；主震震级和最大余震相差2.4级以上。

② 主震-余震型地震，主震非常突出，余震十分丰富；最大地震所释放的能量占全序列的90%以上；主震震级和最大余震相差0.7～2.4级。

③ 双震型地震，一次地震活动序列中，90%以上的能量主要由发生时间接近、地点接近、大小接近的两次地震释放。

④ 震群型地震，有两个以上大小相近的主震，余震十分丰富；主要能量通过多次震级相近的地震释放，最大地震所释放的能量占全序列的90%以下；主震震级和最大余震相差0.7级以 。

(2) 火山地震

火山地震，是由火山爆发引起的能量冲击产生的地壳振动。火山地震有时也相当强烈，但这种地震所波及的地区通常只限于火山附近的几十公里范围内，而且发生次数较少，只占地震次数的7%左右，造成的危害较轻。

(3) 陷落地震

陷落地震，是由地层陷落引起的地震。这种地震发生的次数更少，只占地震总次数的3%左右，震级很小，影响范围有限，破坏也较小。

(4) 诱发地震

诱发地震，在特定的地区因某种地壳外界因素诱发引起的地震，如陨石坠落、水库蓄水、深井注水等。

(5) 人工地震

人工地震，是由地下核爆炸、炸药爆破等人为引起的地面振动称为人工地震。

2. 按发生的位置分类

① 板缘地震（板块边界地震），发生在板块边界上的地震，环太平洋地震带上绝大多数地震属于此类。

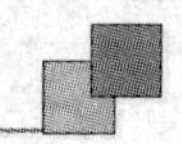

② 板内地震，发生在板块内部的地震，如欧亚大陆内部（包括中国）的地震多属此类。板内地震除与板块运动有关，还要受局部地质环境的影响，其发震的原因与规律比板缘地震更复杂。

③ 火山地震，是由火山爆发时所引起的能量冲击产生的地壳振动。

3. 按震动的性质分类

① 天然地震，是指自然界发生的地震现象。

② 人工地震，是由爆破、核试验等人为因素引起的地面震动。

③ 脉动，是由大气活动、海浪冲击等原因引起的地球表层的经常性微动。

4. 按破坏程度分类

① 一般破坏性地震，造成数人至数十人死亡，或直接经济损失在1亿元以下（含1亿元）的地震。

② 中等破坏性地震，造成数十人至数百人死亡，或直接经济损失在1亿元以上（不含1亿元）、5亿元以下的地震。

③ 严重破坏性地震，在人口稠密地区发生的7级以上的地震，在大中城市发生的6级以上的地震，或者造成数百至数千人死亡，或直接经济损失在5亿元以上、30亿元以下的地震。

④ 特大破坏性地震，在大中城市发生的7级以上的地震，或造成万人以上死亡，或直接经济损失在30亿元以上的地震。

6.6.3 地震的分布

1. 时间分布

通过对历史地震和现今地震大量资料的统计，发现地震活动在时间上表现出明显的周期性。比如河北邢台，周期大约是100年，因为断层带的地壳是有规则地移动，当地下的能量积累到必须使地壳发生移动时，地震就发生了，这种地震是有周期的。因此当一段时间内发生的地震较多，震级较大，被称为地震活跃期，每个活跃期均可能发生多次7级以上的地震，甚至8级左右的巨大地震。当一段时间发生的地震较少，震级较小，被称为地震活动平静期。地震活动周期可分为几百年的长周期和几十年的短周期，不同地震带活动周期也不尽相同 。绝不是所有的运动都是有规则的，规则之外的运动，会促生偶然地震，能量往往十分巨大，表现出地震的无周期性。

中国大陆东部地震活动周期普遍比西部长，东部的活动周期大约300年，西部为100～200年。如陕西渭河平原地震带，从公元881年（唐末）到1486年的606年间，

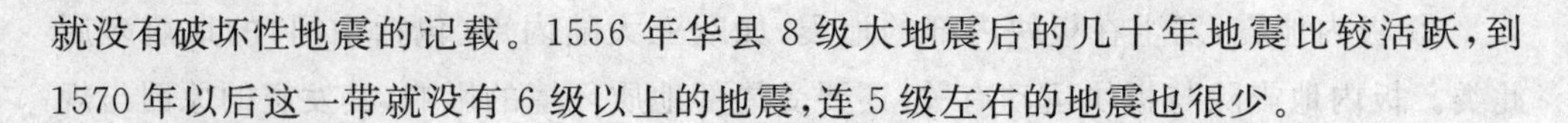

就没有破坏性地震的记载。1556 年华县 8 级大地震后的几十年地震比较活跃，到 1570 年以后这一带就没有 6 级以上的地震，连 5 级左右的地震也很少。

2. 地理分布

(1) 世界地震分布

据统计，全球有 85%的地震发生在板块边界上。而地震带是地震集中分布的地带，在地震带内地震密集，在地震带外，地震分布零散。世界上的地震带如下：

① 环太平洋地震带，分布在太平洋周围，包括南北美洲太平洋沿岸和从阿留申群岛、堪察加半岛、日本列岛南下至台湾，再经菲律宾群岛转向东南，直到新西兰。这里是全球分布最广、地震最多的地震带，所释放的能量约占全球的四分之三。

② 欧亚地震带，从地中海向东，一支经中亚至喜马拉雅山，然后向南经中国横断山脉，过缅甸，呈弧形转向东，至印度尼西亚。另一支从中亚向东北延伸，至堪察加，分布比较零散。

③ 大洋中脊地震活动带，此地震活动带蜿蜒于各大洋中间，几乎彼此相连。总长约 65 000 km，宽 1 000～7 000 km，其轴部宽 100 km 左右。大洋中脊地震活动带的地震活动性较前两个带要弱得多，而且均为浅源地震，尚未发生过特大的破坏性地震。

④ 大陆裂谷地震活动带，该带与上述三个带相比，规模最小，不连续分布于大陆内部，在地貌上常表现为深水湖，如东非裂谷、红海裂谷、贝加尔裂谷、亚丁湾裂谷等。

(2) 中国地震分布

中国的地震活动主要分布在五个地区：台湾及其附近海域；西南地区，包括西藏、四川中西部和云南中西部；西部地区，主要在甘肃河西走廊、青海、宁夏以及新疆天山南北麓；华北地区，主要在太行山两侧、汾渭河谷、阴山—燕山一带、山东中部和渤海湾；东南沿海地区，广东、福建等地。

从中国的宁夏，经甘肃东部、四川中西部直至云南，有一条纵贯中国大陆、大致呈南北走向的地震密集带，历史上曾多次发生强烈地震，被称为中国南北地震带。2008 年 5 月 12 日汶川 8.0 级地震就发生在该带中南段。

根据地质力学的观点，中国主要地震带大致包括以下 20 个：

台湾带；	海原—松潘—雅安带；	河西走廊带；	炉霍—乾宁带；
天山带；	闽粤沿海带；	山西带；	马边—巧家—通海带；
花石峡带；	哀牢山带；	东北深震带；	渭河平原带；
冕宁—西昌—鱼鲊带；	拉萨—察隅带；	兰州—天水带；	营口—郯城—庐江带；
银川带；	腾冲—澜沧带；	西藏西部带；	河北平原带。

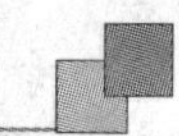

6.6.4　地震灾害

大地振动是地震最直观、最普遍的表现。在海底或滨海地区发生的强烈地震，能引起巨大的波浪，称为海啸。在大陆地区发生的强烈地震，会引发滑坡、崩塌、地裂缝等次生灾害。

1. 直接灾害破坏

地震直接灾害是地震的原生现象，主要有地面的破坏，建（构）筑物的破坏，山体等自然物的破坏（如滑坡、泥石流等），海啸、地光烧伤等。

2. 次生灾害

地震次生灾害是直接灾害发生后，破坏了自然或社会原有的平衡稳定状态，从而引发出的灾害；主要有火灾、水灾、毒气泄漏、瘟疫等，其中火灾是次生灾害中最常见、最严重的。

① 火灾，多是因房屋倒塌后火源失控引起的。由于震后消防系统受损，社会秩序混乱，火势不易得到有效控制，因而往往酿成大灾。

② 海啸，地震时海底地层发生断裂，部分地层出现猛烈上升或下沉，造成从海底到海面的整个水层发生剧烈“抖动”，这就是地震海啸。

③ 瘟疫，强烈地震发生后，灾区水源、供水系统等遭到破坏或受到污染，灾区生活环境严重恶化，故极易造成疫病流行。

④ 滑坡和崩塌，这类地震的次生灾害主要发生在山区和塬区，塬区是指黄土高原因流水冲刷形成的一种地貌，呈台状，四周陡峭，顶上平坦，面积较大。由于地震的强烈振动，使得原已处于不稳定状态的山崖或塬坡发生崩塌或滑坡。这类次生灾害虽然是局部的，但往往是毁灭性的，使整村整户人财全被埋没。

⑤ 水灾，地震引起水库、江湖决堤，或是由于山体崩塌堵塞河道造成水体溢出等，都可能造成地震水灾。

此外，社会经济技术的发展还带来新的继发性灾害，如通信事故、计算机事故等，这些灾害是否发生或灾害大小，往往与社会条件有着更为密切的关系。

6.6.5　地震对建筑物的影响

1. 地震力效应

地震可使建（构）筑物受到一种惯性力的作用，这就是地震波直接产生的惯性力，也称地震力。当建筑物经受不住地震力的作用就会发生变形、开裂、甚至倒塌。对建筑物来说，地震作用是一种外加的强迫运动，如果建筑物为刚性体，并承受一个均匀不变的水平加速度，这时地震力在物理意义上是地震时建筑物自身的惯性力。设建筑物重为 W，作用在建筑物上的地震力 P 为

$$P = \frac{a_{\max}}{g}W \tag{6-2}$$

式中：g——重力加速度；

$a_{\max}$——地面最大加速度。

令地震系数 $K=\frac{a_{\max}}{g}$,则

$$P = KW \tag{6-3}$$

大量数据表明，目前我国地震烈度表上已列出各烈度相应的地震最大加速度值，烈度每增加 1 度，最大地面加速度大约增加 1 倍，即地震系数 K 增加 1 倍。

由于地震波的垂直加速度仅为水平加速度的 1/2～1/3，一般情况下建筑物竖向安全储备较大，所以设计时一般只考虑水平地震力，因此水平地震系数也称地震系数。

建筑物地基受地震波冲击而振动，同时引起建筑物振动，当二者振动周期相等或相近时会发生共振，使建筑物振幅增大，导致倾倒破坏，而建筑物越高，自振周期越长。

2. 地震破裂效应

在震源处以地震波的形式传播到周围的地层上，引起相邻岩石振动，这种振动具有很大的能量，它以作用力的方式作用于岩石上，当作用力超过了岩石的强度时，岩石发生突然破裂和位移，形成断层和地裂缝，引发建(构)筑物变形和破坏，这种现象称为地震破裂效应。

① 地裂缝，是指因地震产生的构造应力使岩土层破裂的现象，对建筑物的危害很大，是地震中最常见的现象。地裂缝主要受构造活动和地震力的影响。

② 地震断层，地震越大，发生地震断层的可能性越大。在山区，特别是震源较浅、松散沉积层不太厚的地区，地震断层在地表是延续几十至上千米的狭长带，方向往往和本区域大断裂一致。

3. 地震液化效应

干的松散粉细砂土受到振动会产生变得紧密的趋势，但当粉细砂土层饱和时，振动使土层中的孔隙水压力骤然上升，孔隙水压力在地震的短暂时间内来不及消散，使得砂粒间的有效压力减小，当有效压力完全消失时，砂土完全丧失抗剪强度和承载能力，像液体一样，这就是砂土液化现象。砂土液化可以导致地表沉陷和变形，地基失效，甚至是大规模的山体滑坡。

6.6.6 建筑物的抗震

要尽可能的为建筑物做好防震，结构体系应符合下列要求：

① 应具有明确的计算简图和合理的地震作用传递途径。

② 应避免因部分结构或构件破坏而导致整个结构丧失抗震能力或对重力的承载能力。

③ 应具备必要的抗震承载力、良好的变形能力和消耗地震能量的能力。

④ 对可能出现的薄弱部位，应采取措施提高抗震能力。

⑤ 梁柱塑性铰应遵循的原则为：强柱弱梁、强剪弱弯、强节点、强锚固。

⑥ 建筑材料可添加抗震防水的建筑材料、加气混凝土、缓冲抗震材料等。

思考题

1. 什么叫做风化作用？风化作用有哪几类？
2. 简述化学风化作用的作用形式。
3. 简述岩石风化的治理措施。
4. 简述滑坡过程。
5. 滑坡的影响因素有哪些？
6. 简述滑坡的治理措施。
7. 滑坡和崩塌的的区别是什么？
8. 简述倒石堆的发育过程。
9. 崩塌的治理措施有哪些？
10. 什么叫做泥石流？泥石流的形成条件是什么？
11. 泥石流有哪些发育特点？
12. 简述泥石流的防治措施。
13. 什么叫做岩溶？岩溶的形成条件是什么？
14. 岩溶的形态有哪些？
15. 如何防治岩溶？
16. 什么叫做地震？什么叫做震级？
17. 地震按成因可以划分为几类？
18. 地震的灾害有哪些？
19. 简述地震对建筑物的影响。
20. 建筑物的抗震原则有哪些？

第7章

工程地质勘察

在城市规划、建筑、交通等基本建设工程兴建之前，通常要先进行勘查工作，以获得工程建筑场地的工程地质原始资料，制定合理的设计施工方案，避免因工程兴建恶化地质环境，甚至引起地质灾害，以达到合理利用和保护自然环境的目的。

7.1 勘察任务及勘察阶段

7.1.1 工程地质勘察任务

工程地质勘察是指运用工程地质理论、勘察测试技术手段和方法，为解决工程建设中的地质问题而进行调查的研究工作。工程地质勘察是工程建设的先行工作，其成果资料是工程项目决策、设计和施工等的重要依据。工程地质勘察的任务可归纳为：

① 查明建筑场地的工程地质条件，选择地质条件优越、合适的建筑场地。

② 查明地基岩土的地层时代、岩性、地质构造、成因类型及其埋藏分布规律，测定地基岩土的物理力学性质。

③ 查明地下水类型、水质、埋深及分布变化。

④ 根据建筑场地的工程地质条件，分析研究可能发生的工程地质问题，对拟建建筑物的结构形式、基础类型及施工方法给出合理建议。

⑤ 对于不利于建筑的岩土层，提出切实可行的处理方法或防治措施。

⑥ 查明场区内崩塌、滑坡、岩溶、岸边冲刷等地质作用和现象，分析和判明对建筑物场地的危害程度，为拟定改善和防治不良地质现象提供地质依据。

7.1.2 工程地质勘察内容

① 搜集研究区域的地形地貌、遥感照片、水文、气象、地震等已有资料，以及工程

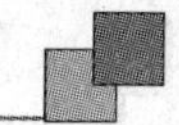

经验和已有的勘察报告等。

② 进行工程地质调查与测绘。

③ 进行工程地质勘探。

④ 进行岩土测试和观测。

⑤ 整理资料，编写工程地质勘察报告。

7.1.3　工程地质勘察阶段

建设工程项目的设计一般分为可行性研究、初步设计和施工图设计三个阶段。为了提供各设计阶段所需的工程地质资料，勘察工作也相应地划分为选址勘察（可行性研究勘察）、初步勘察、详细勘察三个阶段。对于工程地质条件复杂或有特殊施工要求的重要建筑物地基，应进行可行性及施工勘察；对于地质条件简单，建筑物占地面积不大的场地，或有建设经验的地区，也可适当简化勘察阶段。

1. 选址勘察阶段

选址勘察工作对于大型工程是非常重要的环节，其目的在于从总体上判定拟建场地的工程地质条件是否适宜工程建设项目。一般通过对比分析几个候选场址的工程地质资料，评价拟选场址的稳定性和适宜性。选择场址阶段应进行下列工作：

① 搜集区域地质、地形地貌、地震、矿产、附近地区的工程地质资料以及当地的建筑经验。

② 在收集和分析已有资料的基础上，通过踏勘，了解场地的地层、构造、岩石和土的性质、不良地质现象及地下水等。

③ 对工程地质条件复杂、已有资料不能符合要求，但其他方面条件较好且倾向于选取的场地，应根据具体情况进行工程地质测绘及必要的勘探工作。

④ 选择场址时，应进行技术经济分析，一般情况下宜避开下列工程地质条件恶劣的地区或地段：

➢ 不良地质现象发育，对场地稳定性有直接或潜在威胁的地段；

➢ 地基土性质严重不良的地段；

➢ 对建筑抗震不利的地段，如设计地震烈度为8度或9度且邻近发震断裂带的场区；

➢ 洪水或地下水对建筑场地有威胁或有严重不良影响的地段；

➢ 地下有未开采的有价值矿藏或不稳定的地下采空区上的地段。

2. 初步勘察阶段

初步勘察阶段是在选定的建设场址上进行的，根据选址报告书了解建设项目类型、规模、建筑物高度、基础的形式及埋置深度和主要设备等情况。初步勘察的目的是对场地内建筑物地段的稳定性做出评价；为确定建筑总平面布置、主要建筑物地基基础设计的方案、一级不良地质现象的防治工程方案做出工程地质论证。本阶段的主要工作如下：

① 搜集本项目可行性研究报告、有关工程性质及工程规模的文件。

② 初步查明地层、构造、岩石和土的性质、地下水埋藏条件、冻结深度、不良地质现象的成因和分布范围及其对场地稳定性的影响程度和发展趋势。当场地条件复杂时，应进行工程地质测绘与调查。

③ 对抗震设防烈度为 7 度(含)以上的建筑场地，应判定地震效应。

初步勘察时，在搜集分析已有资料的基础上，根据需要和场地条件还应进行工程勘探、测试以及地球物理勘探工作。

3. 详细勘察阶段

在初步设计完成之后进行详细勘察，它是为施工图设计提供资料的。此时场地的工程地质条件已基本查明，详细勘察的目的就是提出设计所需的工程各项基础参数，对建筑地基做出岩土工程评价，为基础设计、地基处理和加固、不良地质现象的防治工程等具体方案做出论证和结论。详细勘察阶段的主要工作要求如下：

① 取得附有坐标及地形的建筑物总平面布置图、各建筑物的地面标高、建筑物的性质和规模、可能采取的基础形式与尺寸、基础预计埋深、建筑物的单位荷载和总荷载、结构特点和对地基基础的特殊要求。

② 查明不良地质现象的成因、类型、分布范围、发展趋势及危害程度，提出评价与整治所需的岩土技术参数和整治方案建议。

③ 查明建筑物范围各层岩土的类别、结构、厚度、坡度、工程特性，计算和评价地基的稳定性和承载力。

④ 对需进行沉降计算的建筑物，给出地基变形计算参数，预测建筑物的沉降、差异沉降或整体倾斜。

⑤ 对抗震设防烈度大于或等于 6 度的场地，应划分场地土类型和场地类别。对抗震设防烈度大于或等于 7 度的场地，尚应分析预测地震效应，判定饱和砂土和粉土的液化可能性，并对液化等级做出评价。

⑥ 查明地下水的埋藏条件，判定地下水对建筑材料的腐蚀性。当需设计基坑降水时，尚应查明水位变化幅度与规律，提供地层的渗透性系数。

⑦ 提供深基坑开挖的边坡稳定计算和支护设计所需的岩土设计参数，论证和评价基坑开挖、降水等对邻近工程和环境的影响。

⑧ 提供选择桩的类型、长度，单桩承载力、群桩的沉降以及施工方法的岩土技术参数。

详细勘察主要以勘探、原位测试和室内土工试验为主，必要时可补充一些地球物理勘探、工程地质测绘和调查工作。详细勘察的勘探工作量，应按场地类别、建筑物特点及建筑物的安全等级和重要性来确定。对于复杂场地，必要时可选择具有代表性的地段布置适量的探井。

7.2　工程地质测绘

工程地质测绘是工程地质勘察中一项最重要、最基本的勘察方法，也是勘察工作中最先进行的一项工作。它是运用地质、工程地质理论对与工程建设有关的各种地质现象进行详细观察和描述，以查明拟定建筑区内工程地质条件的空间分布和各要素之间的内在联系，并按照精度要求将它们如实地反映在一定比例尺的地形设计图上，配合工程地质勘探、试验等所取得的资料编制成工程地质图的方法。工程地质测绘宜在可行性研究或初步勘察阶段进行，在详细勘察阶段可对某些专门地质问题做补充调查。

7.2.1　工程地质测绘的主要内容

① 查明地形地貌特征及其与地层、构造、不良地质作用的关系，划分地貌单元。

② 查明地层岩土的性质、成因、年代、厚度和分布，对岩层应确定其风化程度，对土层应区分新近沉积土、各种特殊性土。

③ 研究测区内各种构造的产状、规模、力学性质，明确各类构造的工程地质特性，分析其对地貌形态、水文地质条件、岩体风化等方面的影响，还应注意新构造活动的特点及其与地震的关系。

④ 查明地下水的类型，补给来源，排泄条件及径流条件，井、泉的位置，含水层的岩层特性，埋藏深度，水位变化，污染情况及其与地表水的关系等。

⑤ 查明岩溶、滑坡、泥石流、崩塌、冲沟、断裂、地震震害和岸边冲刷等不良地质现象的形成、分布、形态、规模、发育程度及其对工程建设的影响；调查人类工程活动对场地稳定性的影响，包括人工洞穴、地下采空、大挖大填、排水抽水及水库诱发地震等；监测建筑物变形，并搜集邻近工程建筑经验。

7.2.2　工程地质测绘范围

工程地质测绘范围包括场地及其附近地段，一般情况下，测绘范围应大于建筑占地面积，但也不宜过大，以解决实际问题的需要为前提。一般情况下应考虑以下因素：

1. 建筑类型

工程地质测绘应根据建筑类型选择合理的测绘范围。对于工业与民用建筑，测绘范围应包括建筑场地及其邻近地段；对于道路和各种线路，测绘范围应包括线路及轴线两侧一定宽度的地带；对于洞室工程的测绘，不仅包括洞室本身，还应包括进洞山体及其外围地段；对于水库工程，应包括水库可能引起地质环境发生变化的较大范围区域。

2. 工程地质条件

如果工程地质条件复杂，应以充分查明工程地质条件、解决工程地质问题为原则，适当扩大测绘范围，尤其是需要考虑动力地质作用可能影响的范围。例如建筑物拟建在靠近斜坡的地段，测绘范围则应考虑到邻近斜坡可能产生不良地质现象的影响地带。

7.2.3 工程地质测绘比例尺

工程地质测绘比例尺主要取决于勘察阶段，建筑类型、等级、规模和工程地质条件的复杂程度。工程地质测绘一般采用的比例尺如下：

1. 踏勘及路线测绘

比例尺 1∶200 000～1∶1 000 000，主要用来了解区域工程地质条件，初步估计建筑物对区域地质条件的适宜性。

2. 小比例尺测绘

比例尺 1∶50 000～1∶100 000，多用于公路、铁路、水利水电工程等可行性研究阶段的工程地质勘察。在工业与民用建筑、地下建筑工程中，此阶段多采用的比例尺为 1∶5 000～1∶50 000，主要查明规划地区的工程地质条件。

3. 中比例尺测绘

比例尺 1∶10 000～1∶25 000，多用于公路、铁路、水利水电工程等初步设计阶段的工程地质勘察，在工业与民用建筑、地下建筑工程中，此阶段多采用的比例尺为 1∶2 000万～1∶5 000，目的是查明工程建筑场地的工程地质条件，初步分析区域稳定性等工程地质问题，为建筑区的选择提供地质依据。

4. 大比例尺测绘

比例尺大于 1∶10 000，多用于公路、铁路、水利水电工程等施工图设计阶段的工程地质勘察，在工业与民用建筑、地下建筑工程中此阶段多采用的比例尺为 1∶100～1∶1 000，主要用来详细查明建筑场地的工程地质条件，为选定建筑形式或解决专门工程地质问题提供地质依据。

工程地质条件复杂时，比例尺可适当放大；对工程有重要影响的地质单元体（如滑坡、断层、软弱夹层、洞穴等），必要时可采用扩大的比例尺表示。在任何比例尺的图上，界线误差不得超过 0.5 mm。

观察描述的详细程度是以各单位测绘面积上观察点的数量和观察线的长度来控制的，通常不论其比例尺多大，一般都以图上每 1 cm^2 范围内有一个观察点来控制观察点的平均数。当天然露头不足时，必须补充人工露头，所以在大比例尺测绘时常需配合剥土、探槽、试坑等轻型坑探工程。

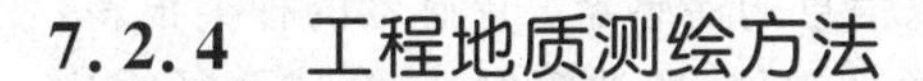

7.2.4　工程地质测绘方法

1. 相片成图法

相片成图法是利用地面摄影或航空（卫星）摄影的相片，在室内根据判断标志，结合所掌握的区域地质资料，把判明的地层岩性、地质构造、地貌、水系和不良地质现象等，调绘在单张相片上，并在相片上选择需要调查的若干地点和线路，然后据此做实地调查，进行核对、修正、补充，最终将调查的结果转绘在地形图上，形成工程地质图。

2. 实地测绘法

当该地区没有航测等相片时，工程地质测绘主要依靠野外工作的实地测绘法，常用的实地测绘法有以下三种：

(1) 路线法

路线法是沿着一些选择的路线，穿越测绘场地，将沿线所测绘或调查的地层、构造、地质现象、水文地质、地质界线和地貌界线等填绘在地形图上，路线可为直线或折线。观测路线应选择在露头及覆盖层较薄的地方；观测路线的方向大致与岩层走向、构造线方向及地貌单元相垂直，这样就可以用较少的工作量获得较多的工程地质资料。

(2) 布点法

布点法是根据地质条件复杂程度和测绘比例尺的要求，预先在地形图上布置一定数量的观测路线和观测点。观测点一般布置在观测路线上，但要考虑观测目的和要求，如为了观察研究不良地质现象、地质界线、地质构造及水文地质等。布点法是工程地质测绘中的重要方法，常用于大、中比例尺的工程地质测绘。

(3) 追索法

追索法是沿地层走向或某一地质构造线，或某些不良地质现象界线进行布点追索，主要目的是查明局部的工程地质问题。追索法通常是在布点法或路线法的基础上进行的，是一种辅助方法。

7.3　遥感技术在工程地质测绘中的应用

7.3.1　基本概念

遥感技术，是根据电磁波的理论，应用各种传感仪器对远距离目标辐射和反射的电磁波信息进行收集、处理、最后成像，从而对地面各种景物进行探测和识别的一种综合技术。它是20世纪60年代在航空摄影和判读的基础上随航天技术和电子计算机技术的发展而逐渐形成的综合性感测技术。

现代遥感技术主要包括信息的获取、传输、存储和处理等环节。完成上述功能的

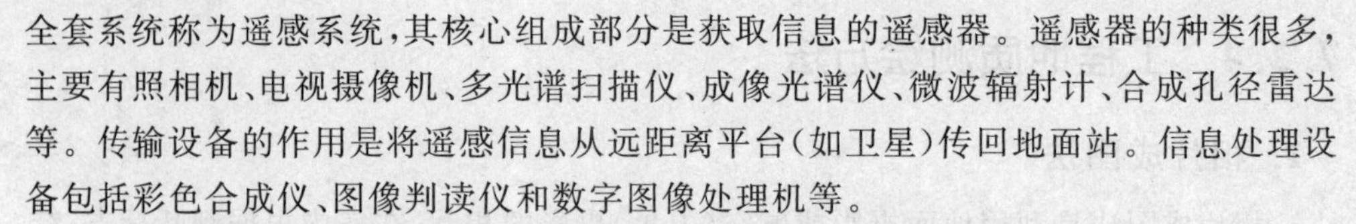

全套系统称为遥感系统，其核心组成部分是获取信息的遥感器。遥感器的种类很多，主要有照相机、电视摄像机、多光谱扫描仪、成像光谱仪、微波辐射计、合成孔径雷达等。传输设备的作用是将遥感信息从远距离平台(如卫星)传回地面站。信息处理设备包括彩色合成仪、图像判读仪和数字图像处理机等。

根据搭载传感器的遥感平台，可以将遥感分为地面遥感和航空遥感。

① 地面遥感，把传感器设置在地面平台上，如车载、船载、手提、固定或活动高架平台等。

② 航空遥感，把传感器设置在航空器上，如气球、航模、飞机及其他航空器等。

③ 航天遥感，把传感器设置在航天器上，如人造卫星、宇宙飞船、空间实验室。

遥感技术覆盖的范围很大，航摄飞机高度可达 10 km 左右，陆地卫星轨道高度达到 910 km 左右。一张陆地卫星图像覆盖的地面范围达到 3×10^4 km^2 以上，相当于我国海南岛的面积，只要 600 多张左右的陆地卫星图像就可以覆盖整个中国。遥感技术获取资料的速度快、周期短，以陆地卫星 4、5 为例，每 16 天可以覆盖地球一遍，而实地测绘则需要几年、十几年甚至几十年才能重复一次。

7.3.2 基本原理

任何物体都具有光谱特性，即具有不同的吸收、反射、辐射光谱的性能。在同一光谱区各种物体反映的情况不同，同一物体对不同光谱的反映也有明显差别，即使是同一物体，在不同的时间和地点，由于太阳光照射角度不同，它们反射和吸收的光谱也各不相同。遥感技术就是根据这些原理，对物体作出判断。

遥感技术通常使用绿光、红光和红外光三种光谱波段进行探测。绿光段一般用来探测地下水、岩石和土壤的特性；红光段探测植物生长、变化及水污染等；红外段探测土地、矿产及资源。此外，还有微波段，用来探测气象云层及海底鱼群的游弋。

7.3.3 遥感技术在地质测绘中的应用

将遥感资料应用于工程地质测绘，需经过初步解译、野外踏勘和验证以及成图三个阶段。

1. 初步解译阶段

根据摄影相片上地质体的光学和几何特征，对航片和卫片进行系统的立体观测，对地貌及第四纪地质进行解译，划分松散沉积物与基岩界线，进行初步构造解译工作。

2. 野外踏勘和验证阶段

由于气候、地形、植被等因素变化会使地质信息随地而异，同时由于视域覆盖的影像和遥感影像的特点，使一些资料难以获得，因此需在野外对遥感相片进行检验和补充。在这一阶段，需携带图像到野外，核实各典型地质体在照片上的位置，并选择

一些地段进行重点研究，隔一定间距穿越一些路线做一些实测地质剖面以及采集必要的岩性地层标本。现场地质观测点数宜为工程地质测绘点数的30%～50%。

3. 成图阶段

将解译所取得的资料、野外验证取得的资料以及其他方法取得的资料，集中转绘到地形底图上，然后进行图面结构分析。如有不合理现象，要进行修正，重新解译，必要时，要到野外复验，直至整图面结构合理为止。

航片的比例尺宜用1:25 000～1:100 000；陆地卫星影像宜采用不同时间各个波段的1:250 000～1:500 000黑白相片和假彩色合成或其他增强处理的图像；热红外图像的比例尺不宜小于1:50 000。

受恶劣自然环境和技术水平的制约，我国西部约2×10^6 km^2的国土一直没有测绘制作过1:50 000比例尺的地形图。随着测绘技术的发展与成熟，特别是摄影测量与遥感技术的迅猛发展，西部测图工程主要采用了航天遥感、航空摄影、航空航天合成孔径雷达、卫星导航定位等最新摄影测量与遥感技术，如数据快速获取技术、高分辨率立体测图卫星应用技术、稀少控制点遥感影像地形测量技术、全天时全天候雷达影像地形测量技术等，形成了西部测图困难地区高精度地形测量技术体系，为西部测图工程的顺利实施提供了有力的技术支撑。

2008年，汶川大地震发生后，灾区通信、交通严重受损，卫星遥感和航空遥感技术成为快速获取灾情的最佳途径。我国利用光学和雷达遥感、航空遥感技术对灾区进行了连续、动态监测，开展了灾区房屋倒塌、道路交通等基础设施损毁，泥石流、滑坡、堰塞湖等次生灾害解译分析工作。

7.4 工程地质勘探

工程地质勘探是在工程地质测绘的基础上，利用一定的机械工具或开挖作业深入地下了解地质情况的工作。勘探的方法主要有钻探、井探、槽探和地球物理勘探等。下面介绍工程地质勘探中常用的几种方法。

7.4.1 钻 探

钻探就是利用钻机向地下钻孔以采取岩心或进行地质试验的工作，是勘探方法中应用最广的一种。工程地质钻孔的深度通常为数十米到数百米，视工程要求和地质条件而定，一般的工民建工程地质钻探深度在数十米以内。在地层内钻成直径较小并具有相当深度的圆筒形孔眼的孔称为钻孔，钻孔的孔径变化较大，一般为36～205 mm；有时也采用直径达1 m的大孔径钻孔，通常将直径超过500 mm的钻孔称为钻井。钻孔的方向一般为垂直的，也有打成倾斜的钻孔，称为斜孔；在地下工程中，还有打成水平甚至直立向上的钻孔。

1. 钻探过程

钻探过程主要有三个基本的程序:

① 破碎岩土,广泛采用人力和机械方法,主要借助冲击力、剪切力、研磨和压力,使小部分岩土脱离整体成为粉末、岩土块或岩土芯的现象。

② 采取岩土,用冲洗液或压缩空气将孔底破碎的碎屑冲到孔外,或者用钻具(抽筒、勺形钻头、螺旋钻头、取土器、岩芯管)靠人力或机械将孔底的碎屑或岩芯取出地面。

③ 保全孔壁,为了顺利进行钻探工作,必须保护好孔壁不坍塌,一般采用套管或泥浆护壁。

2. 钻探方式

钻探的钻进方式可以分为回转式、冲击式、冲击回转式、振动式四种。每种钻进方法各有特点,分别适用于不同的地层。

(1) 回转钻进

回转钻进又称岩芯钻探,指在轴心压力作用下的钻头用回转方式破坏岩石的钻进,可取岩芯,也可不取岩芯。回转钻进是钻进岩石的主要方法,为了保持岩芯的天然状态,冲洗液通常采用清水。回转钻进可以选用不同材料的钻头,常用的有合金钻头、钢粒钻头和金刚石钻头。合金钻头适用于钻进软至中等硬度的岩石,钢粒和金刚石钻头适用于钻进坚硬的岩石。为了采取薄层软弱岩石、夹泥、断层或破碎岩石的岩芯,通常还采用双层岩芯管或三层岩芯管以减少钻进中岩芯的磨损。为了减少钻杆升降次数,提高钻进效率,还可采用绳索取芯钻具,在每一回次钻进后,将岩芯从钻杆中提出孔口。

土探孔一般不允许使用带冲洗液的回转钻进,但可采用干钻。

(2) 冲击钻进

冲击钻进是利用钻具自重反复对孔底进行冲击而使土层破坏的一种钻进方法。冲击钻进分人力冲击和机械冲击两种方式。人力冲击钻具如洛阳铲,一般适用于浅孔和地下水位以上土层钻进。机械冲击一般采用机械提升和向下冲击,适用于各类土层钻进。在河流冲积的砂砾层中钻进时,为了取得砂砾石样品,通常采用平阀管钻冲击,跟管钻进。

(3) 冲击回转钻进

冲击回转钻进是将冲击和回转钻进相结合的钻进方法,即钻头在孔底回转破碎岩石的同时,施加冲击荷载。

(4) 振动钻进

振动钻进是指利用机械动力产生的振动,通过连接杆和钻具传到圆筒形钻头周围的土中,由于振动器高速振动的结果,圆筒钻头依靠钻具和振动器的重量使得土层更容易被切削钻进,且钻进速度较快。主要适用于粉土、砂土、较小粒径的碎石层以及粘性不大的粘性土。上述各种钻进方法的适用范围如表7-1所列。

表7-1 钻进方法适用范围

钻进方法		钻进地层					勘察要求		
		粘性土	粉土	砂土	碎石土	岩石	直观鉴别,采取不扰动试样	直观鉴别,采取扰动试样	不要求直观鉴别,不采取试样
回转	螺纹钻探	适用	部分适用	部分适用	不适用	不适用	适用	适用	适用
	无岩芯钻探	适用	适用	适用	部分适用	适用	不适用	不适用	适用
	岩芯钻探	适用	适用	适用	部分适用	适用	适用	适用	适用
冲击	冲击钻探	不适用	部分适用	适用	适用	部分适用	不适用	不适用	适用
	锤击钻探	部分适用	部分适用	部分适用	部分适用	不适用	部分适用	适用	适用
振动钻探		适用	适用	适用	部分适用	不适用	部分适用	适用	适用

3. 钻孔地质柱状图

野外记录应用由经过专业训练的人员承担,记录应真实及时,按钻进回次逐段填写,严禁事后追记。钻探现场可采用肉眼鉴别和手触方法,有条件或勘察工作有明确要求时,可采用微型贯入仪等定量化、标准化的方法。

钻探成果可用钻孔地质柱状图或分层记录表示;岩土芯样可根据工程要求保存一定期限或长期保存,亦可拍摄岩芯、土芯彩照纳入勘察成果资料。

钻孔地质柱状图,是表示钻孔所穿过的地层综合图表,图中包括地质年代、土层埋深、厚度、土层底部的绝对标高、岩土层的描述、柱状图、地面绝对标高、地下水位、测量日期、岩土样的选取位置等,比例尺一般为1∶100～1∶500。

7.4.2 井探、槽探

当钻探方法难以查明地下情况时,可采用井探、槽探进行勘探。探井、探槽主要靠人力开挖,也有用机械开挖的,利用井探、槽探可以直接观察地层结构的变化,取得准确的资料,还可采取原状土样。

井探一般是垂直向下掘进,浅者称为探坑,深者称为探井;断面一般为1.5 m×1.0 m的矩形或直径为0.8～1.0 m的圆形。井探主要是用来查明覆盖层的厚度和性质、滑动面、断面、地下水位以及采取原状土样等。在疏松的软弱土层中,或无黏性的砂、卵石中开挖探井必须支护,探井口部应注意保护,土石不能随意弃置于井口边缘,以免增加井壁的主动土压力,导致井壁失稳,或者土石块坠落伤人。在雨季施工应设防雨棚,挖排水沟,防止雨水浸润井壁或流入井内。

槽探是在地表挖掘成长条形的槽子,深度通常小于3 m,其宽度一般为0.8～1.0 m,

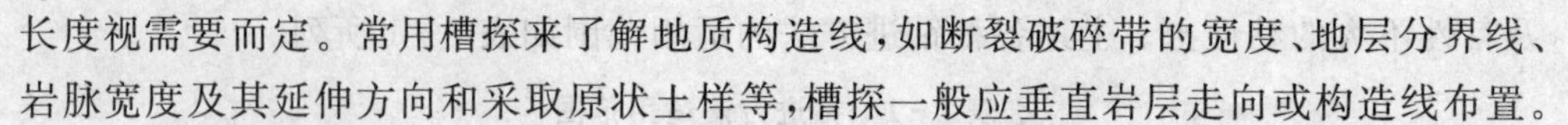

长度视需要而定。常用槽探来了解地质构造线，如断裂破碎带的宽度、地层分界线、岩脉宽度及其延伸方向和采取原状土样等，槽探一般应垂直岩层走向或构造线布置。

对于井探、槽探除文字描述记录外，尚应以剖面图等反映井、槽壁和底部的岩性、地层分界、构造特征、取样和原位试验位置等，并辅以代表性部位的彩色照片。

7.4.3 地球物理勘探

地球物理勘探，即用物理学的原理和方法，对地球的各种物理场分布及其变化进行观测，探索地球本体及近地空间的介质结构、物质组成、形成和演化，研究与其相关的各种自然现象及其变化规律。在此基础上为探测地球内部结构与构造、寻找能源、资源和环境监测提供理论、方法和技术，为灾害预报提供重要依据。各种地球物理场包括电场、重力场、磁场、弹性波应力场、辐射场等。

1. 地球物理勘探的适用范围

地理物理勘探，提供的是根据物理现象对地质体或地质构造做出解释推断的结果，是间接的勘探方法。此外，采用地球物理方法研究或勘察地质体或地质构造，是根据测量数据或所观测的地球物理场求解场源体的问题，是地球物理场的反演问题，反演的结果一般是多解的，因此，地球物理勘探存在多解性的问题。为了获得更准确、更有效的解释结果，一般采用多种物探方法相配合，注重结合地质调查和地质理论进行综合分析判断。

工程地质勘察可作为钻探的先行手段，用于了解隐蔽的地质界线、界面或异常点；也可作为钻探的辅助手段，在钻孔之间增加地球物理勘察点，为钻探成果的内插、外推提供依据；同样可以作为原位测试手段，测定岩土体的波速、动弹性模量、动剪切模量、特征周期、电阻率、放射性辐射参数、土对金属的腐蚀等参数。

应用地球物理勘探方法时，应具备下列条件：

① 被探测对象与周围介质之间有明显的物理性质差异。

② 被探测对象具有一定的埋藏深度和规模，且地球物理异常有足够的强度，能抑制干扰，区分有用信号和干扰信号。

2. 地球物理勘探的常用方法

(1) 重力勘探

重力勘探以牛顿万有引力定律为基础，是利用组成地壳的各种岩体、矿体间的密度差异所引起的地表重力加速度值的变化而进行地质勘探的一种方法。只要勘探地质体与周围岩体有一定的密度差异，就可以用精密的重力测量仪器（主要为重力仪和扭秤）找出重力异常。然后，结合工作地区的地质和其他物探资料，对重力异常进行定性解释和定量解释，便可以推断覆盖层以下密度不同的矿体与岩层埋藏情况，进而找出隐伏矿体存在的位置和地质构造情况。

(2) 磁法勘探

自然界的岩石和矿石具有不同的磁性，可以产生不同的磁场，它使地球磁场在局部地区发生变化，出现地磁异常。利用仪器发现和研究这些磁异常，进而寻找磁性矿体和研究地质构造的方法称为磁法勘探。磁法勘探是常用的地球物理勘探方法之一，包括地面、航空、海洋磁法勘探及井中磁测等。磁法勘探主要用来寻找和勘探有关的矿产（如铁矿、铅锌矿、铜锦矿等），进行地质填图，研究与油气有关的地质构造及大地构造等。

(3) 电法勘探

电法勘探是根据岩石和矿石的电学性质（如导电性、电化学活动性、电磁感应特性和介电性，即所谓“电性差异”）来找矿和研究地质构造的一种地球物理勘探方法。它是通过仪器观测人工和天然的电场或交变电磁场，分析、解释这些场的特点和规律达到找矿勘探的目的。电法勘探分为两大类，研究直流电场的统称为直流电法，包括电阻率法、充电法、自然电场法和直流激发极化法等；研究交变电磁场的统称为交流电法，包括交流激发极化法、电磁法、大地电磁场法、无线电波透视法和微波法等。按工作场所的差别，电法勘探又分为地面电法、坑道和井中电法、航空电法、海洋电法等。

(4) 地震勘探

地震勘探是近代发展变化最快的地球物理方法之一，它的原理是利用人工激发的地震波在弹性不同的地层内传播规律来勘探地下的地质情况。在地面某处激发的地震波向地下传播时，遇到不同弹性的地层分界面就会产生反射波或折射波返回地面，用专门的仪器可记录这些波，分析所得记录的特点，如波的传播时间、振动形状等，通过专门的计算或仪器处理，能较准确地测定这些界面的深度和形态，判断地层的岩性，是勘探含油气构造甚至直接找油的主要物探方法，也可以用于勘探煤田、盐岩矿床、个别的层状金属矿床以及解决水文地质工程地质等问题。

7.5　现场检测与监测

工程地质原位测试是指在岩土层原来所处的位置上，基本保持其天然结构、天然含水量及天然应力状态下进行测试的技术。它与室内试验相辅相成，取长补短。

常用的原位测试的主要方法有：载荷试验、静力触探试验、标准贯入试验、十字板剪切试验、旁压试验、现场直接剪切试验等，选择原位测试方法应根据岩土条件、设计对参数的要求、地区经验和测试方法的适用性等因素综合确定。

完成原位测试后需进行现场检测和监测。现场检验是指在施工阶段根据施工揭露的地质情况，对工程勘察成果和评价建议等进行的检查校核。现场检验的目的是使设计、施工符合场地岩土工程地质实际，以确保工程质量，并总结勘察经验，提高勘察水平。现场监测是指对施工过程中及完成后由于施工运营的影响而引起岩石性状

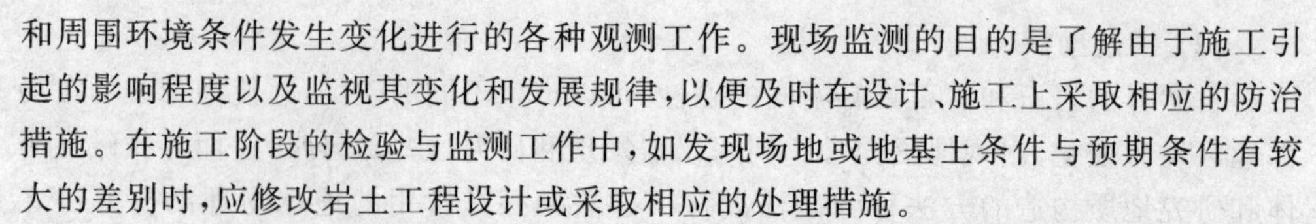

和周围环境条件发生变化进行的各种观测工作。现场监测的目的是了解由于施工引起的影响程度以及监视其变化和发展规律，以便及时在设计、施工上采取相应的防治措施。在施工阶段的检验与监测工作中，如发现场地或地基土条件与预期条件有较大的差别时，应修改岩土工程设计或采取相应的处理措施。

现场检验与监测是岩土工程中的一个重要环节。它不仅能保证工程质量与安全，提高工程效益，还能通过监测手段反求出用其他方法难以得到的某些工程参数。

7.5.1 地基基础检验和监测

1. 天然地基基坑检验

天然地基基坑(基槽)检验，是岩土工程中必做的常规工作，也是勘察工作的最后一个环节。当施工单位将基槽开挖完毕后，由勘察、设计、施工和使用单位四方面技术负责人共同到施工现场进行验槽。验槽是为了检验有限的钻孔与实际全面开挖的地基是否一致，勘察报告的结论与建议是否准确，并且根据基槽开挖的实际情况，研究解决新发现的问题和勘察报告中遗留的问题。

验槽的基本内容包括核对基槽开挖平面位置和槽底标高是否与勘查、设计要求相符；槽底持力层土质与勘探是否相符，要求参加验槽人员沿槽底依次逐段检验，当基槽土质显著不均匀或局部有古井、坟穴时，可用钎探查明平面范围和深度；研究决定地基基础方案是否有必要修改或作局部处理。

验槽的方法以肉眼观察或使用袖珍贯入仪等简便易行的方法为主，必要时可辅以夯、拍或轻便勘探。

① 观察验槽，应重点注意柱基、墙角、承重墙下受力较大的部位；仔细观察基底土的结构、孔隙、湿度及含有物等，并与勘察资料相比较，确定是否已挖到设计土层，对于可疑之处应局部下挖检查。

② 夯、拍验槽，是使用木夯、蛙式打夯机或其他施工机具对干燥的基坑进行夯、拍(对潮湿和软土地基不宜夯、拍，以免破坏基底土层)，从夯、拍声音判断土中是否存在土洞或墓穴，对可疑迹象用轻便勘探仪进一步调查。

③ 轻便勘探验槽，是用钎探、轻便动力触探、手持式螺旋钻、洛阳铲等对地基主要受力层范围的土层进行勘探，或对上述观察夯或拍发现异常情况进行探查。

2. 基坑工程的监测

目前基坑工程的计算模式或计算参数，常常与实际情况存在出入，为了保证工程安全，监测是非常必要的。通过对监测数据的分析，必要时可调整施工工序，调整支护设计；遇有紧急情况时，应及时发出警报，以便采取应急措施。

从保证基坑安全的角度出发，基坑工程的监测方案应根据场地条件和开挖之后的施工设计确定，并应包括支护结构的变形、基坑周围的地面变形、邻近工程和地下设施的变形、地下水位以及渗漏、冒水、冲刷、管涌等情况。

3. 建筑物沉降观测

建筑物沉降观测能反映地基的实际变形对建筑物的影响程度，是分析地基事故及判别施工质量的重要依据，也是检验勘察资料的可靠性、验证理论计算正确性的重要资料。建筑物沉降观测应注意以下几个要点：

① 基准点的设置以保证其稳定可靠为原则，宜布置在基岩上，或设置在压缩性较低的土层上。水准基点的位置宜靠近观测对象，但必须在建筑物所产生压力影响范围以外。同一个观测区内，水准基点不应少于3个。

② 观测点的布置应全面反映建筑物的变形并结合地质情况确定，数量不宜少于6个。

③ 水准测量宜采用精密水平仪和钢尺。对于一个观测对象宜固定测量工作，固定人员，观测前仪器必须严格校验。测量精度宜采用Ⅱ级水准测量，视线长度宜为20～30 m，视线高度不宜低于0.3 m。水准测量应采用闭合法。

另外，观测时应随时记录气象资料。观测次数和时间应根据具体情况确定，一般情况下，民用建筑每施工完一层应观测一次；工业建筑按不同荷载阶段分次观测，但施工阶段的观测次数不应少于4次。建筑物竣工后的观测，第一年不少于3～5次，第二年不少于2次，以后每年一次，直到沉降稳定为止。对于突然发生严重裂缝或大量沉降等特殊情况时，应增加观测次数。

7.5.2 不良地质作用和地质灾害的监测

不良地质作用和地质灾害的监测，应根据场地及其附近的地质条件和工程实际需要编制监测纲要，按纲要进行。纲要内容包括监测目的和要求、监测项目、测点布置、观测时间间隔和期限、观测仪器、方法和精度、应提交的数据、图件等，并及时提出灾害预报和采取措施的建议。对下列情况应进行不良地质作用和地质灾害的监测。

① 场地及附近有不良地质作用或地质灾害，可能危及工程的安全或正常使用时。

② 工程建设和运行，可能加速不良地质作用的发展或引发地质灾害时。

③ 工程建设和运行，对附近环境可能产生显著不良影响时。

7.5.3 地下水的监测

地下水的动态变化包括水位的季节变化和多年变化，人为因素造成的地下水变化，水中化学成分的运移等。对工程的安全和环境的保护，地下水的监测常常是最重要、最关键的因素，因此对地下水进行监测有重要的实际意义。下列情况应进行地下水监测：

① 地下水位升降影响岩土稳定时。

② 地下水位上升产生浮托力对地下室或地下构筑物的防潮、防水或稳定性产生

较大影响时。

③ 施工降水对拟建工程或相邻工程有较大影响时。

④ 施工或环境条件改变造成的孔隙水压力、地下水压力变化，对工程设计或施工有较大影响时。

⑤ 地下水位的下降造成区域性地面沉降时。

⑥ 地下水位的升降可能使岩土产生软化、湿陷、胀缩时。

⑦ 需要进行污染物运移对环境影响的评价时。

7.6 勘察资料的内业整理

工程地质勘察的最终成果是勘察报告书。当现场勘察工作（如调查、勘探、测试等）和室内试验完成后，应对各种原始资料进行整理、检查、分析、鉴定，然后编制成工程地质勘察报告，提供给设计和施工单位使用。以上工作称为勘察资料的内业整理。

7.6.1 工程地质勘察报告内容

工程地质勘察报告的内容，应根据任务要求、勘察阶段、地质条件、工程特点等具体情况确定，一般应包括下列内容：

① 勘察目的、任务要求和依据的技术标准。

② 拟建工程概况。

③ 勘察方法和勘察工作布置。

④ 场地地形、地貌、地层、地质构造、岩土性质及其均匀性。

⑤ 各项岩土性质指标，岩土的强度参数、变形参数、地基承载力的建议值。

⑥ 地下水埋藏情况、类型、水位及其变化。

⑦ 土和水对建筑材料的腐蚀性。

⑧ 可能影响工程稳定的不良地质作用的描述和对工程危害程度的评价。

⑨ 场地稳定性和适宜性的评价。

⑩ 对岩土利用、整治和改造的方案进行分析论证，提出建议。

⑪ 对工程施工和使用期间可能发生的岩土工程问题进行预测，提出监控和预防措施的建议。

⑫ 勘察成果表及所附图件。报告中所附图表的种类应根据工程具体情况而定，常用的图表有勘探点平面布置图、工程地质柱状图、工程地质剖面图、原位测试成果表、室内试验成果图表。当需要时，尚可附综合工程地质图、综合地质柱状图、地下水等水位线图、素描、照片、综合分析图表以及岩土利用、整治和改造方案的有关图表、岩土工程计算简图及计算成果图表等。

当需要时，还可根据任务要求提交下列专题报告：岩土工程测试报告；岩土工程检验或监测报告；岩土工程事故调查与分析报告；岩土利用、整治或改造方法报告等。

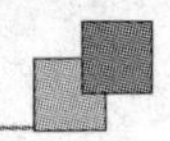

对丙级岩土工程勘察的报告可适当简化，采用以图表为主，辅以必要的文字说明；对甲级岩土工程勘察的报告除应符合上述要求外，尚可对专门性的岩土工程问题提交专门的试验报告、研究报告或监测报告。

7.6.2 常用图表的编制

1. 勘探点平面布置图

在建筑场地地形图上，把建筑物的位置、各类勘探及测试点的位置、编号用不同的图例表示出来，并注明各勘探、测试点的标高、深度、剖面线及其编号等。

2. 钻孔柱状图

是根据钻孔的现场记录整理出来的，记录中除注明钻进的工具、方法和具体事项外，其主要内容是关于地基土层的分布（层面深度、分层厚度）和地层的名称及特征的描述。绘制柱状图时，应从上而下对地层进行编号和描述，并用一定的比例尺、图例和符号表示。在柱状图中还应标出取土深度、地下水位高度等资料。

3. 工程地质剖面图

柱状图只反映场地一般勘探点处地层的竖向分布情况，工程地质剖面图则反映某一勘探线上地层沿竖向和水平向的分布情况。由于勘探线的布置常与主要地貌单元或地质构造轴线垂直，或与建筑物的轴线相一致，故工程地质剖面图能最有效地表示场地工程地质条件。

工程地质剖面图绘制时，首先将勘探线的地形剖面线画出，标出勘探线上各钻孔中的地层层面，然后在钻孔的两侧分别标出层面的高程和深度，再将相邻钻孔中相同土层分界点以直线相连。当某地层在邻近钻孔中缺失时，该层可假定于相邻两孔中间尖灭。剖面图中的垂直距离和水平距离可采用不同的比例尺。

在柱状图和剖面图上也可同时附上土的主要物理力学性质指标及某些试验曲线，如静力触探、动力触探或标准贯入试验曲线等。

7.7 土木工程地质勘察要求

7.7.1 工业与民用建筑

1. 工业与民用建筑地质勘察的特点

一个城市往往有必要的居住区、文化卫生设施、公用设施、必要的交通路线和枢纽，以及各种各样的工厂等大量建筑物。这些建筑物大多是浅基础建筑物，影响的深度仅十几米，基础的埋至深度多小于 5 m，作用于地基上面的作用力主要是静载荷。

因此，对于这类建筑物进行规划设计时所需进行的工程地质勘察主要有以下特点：

① 勘察中的主要研究对象为地形地貌特征、土的物理力学性质、土的剖层面、地下水的埋深、地下水的化学成分以及动态特征。

② 在勘察过程中，需进行大量的浅孔勘探，详尽分析地下水的情况，对土样进行大量的分析和观测。

③ 通常情况下，按照勘探线和方格网布置进行坑孔的勘探，勘探深度一般以穿过整个活动层为限。

2. 工业与民用建筑工程地质勘察要点

(1) 区域规划阶段

区域规划阶段主要以建筑经验和已有的地质资料为主，论证区域的总体稳定性，阐明区域一般工程的地质条件，为选择规划区的土工工程地质资料提供基础。

(2) 总体规划阶段

总体规划阶段主要依据地貌、水文地质和地质结构条件，在大于实际面积的范围内进行工程地质测绘工作。除此之外，还要进行实验室研究、部分勘探和少量的长期观测工作。该阶段的主要任务就是查明确定规划区内的工程地质条件，为建筑特性的分带和建筑功能的分区提供工程地质资料。

(3) 详细规划阶段

详细规划阶段主要以实验研究和勘探为主，此外还要配合原位试验、测绘和长期观测工作。勘探的目的就是详细查明活动层的水文地质条件和地质结构，为选择各主要建筑物的场地和配置各种建筑物提供工程地质资料。

7.7.2 道路工程

1. 道路工程地质勘察的特点

道路工程是延伸很长的线性建筑物，往往要穿越各种不同的地形和地质构造，它的工程地质特点如下：

① 由于往往要穿过较多的不良地质条件地区，道路的稳定性和正常运营常常要受到各种地质作用的影响。在山地、丘陵地带有滑坡、坍塌、泥石流及岩溶等；在平原、高原地带有沼泽层上的路堤沉陷等；在特殊气候地带内有风沙、冻胀等。

② 道路都有一定的限制坡度，而通过的地形又比较复杂，故在整条线路上总有一系列的填方和挖方段，路基填方边坡及地堑挖方边坡的稳定性成为道路的主要工程地质问题。所以对各路段的岩石类型、地质构造、水文地质条件、岩土的变形及强度性能的勘察研究工作，主要是为了正确解决路基边坡的允许坡度和边沟的深度等问题。

2. 道路工程地质勘察的目的与方法

① 以查明沿线不良地质作用和不利于边坡稳定的地质条件为目的的线路地质

测绘。

② 以取得沿线各不同地质条件地段纵、横地质剖面为目的的勘探工作(主要坑槽及浅钻孔)。

③ 以查明不良地质条件地段的纵、横地质剖面为目的的深度较大的勘探工作。

④ 查明填方地段所用路基填料的变形及强度性质、所用土(石)物理力学性质试验,以及挖方地段路堑边坡稳定性的岩(土)体的软弱结构面的勘探与试验。

3. 道路工程地质勘察要点

(1) 草测/选线方案阶段

此阶段的工作目的是按指定的道路起讫点及所经地区,选定修建道路的路线方案;主要了解在线路方向垂直的3～5 km宽度范围内存在着多少严重影响道路稳定与安全的工程地质条件。勘察方法一般尽量利用已有地形地质资料进行研究分析,对复杂的地貌及不利工程地质条件地段做详细的补充地质测绘工作。

(2) 初测/定线勘察阶段

此阶段是在选线方案的基础上,定出一条经济合理、技术可行的线路。一般在初选路线宽度500 m范围内进行大比例尺的补充测绘工作,主要目的是要查明该线路经过区的复杂不良地质现象状况,分析其影响道路安全的程度。一般综合利用钻探、坑探与物探的方法,对作为路基及路堑边坡的岩(土)体通过勘探及试验工作分析其稳定性。

(3) 定测/已确定线路后的勘察工作

此阶段勘察工作的主要目的是为不同地形及工程地质条件路段的路基路面设计提供具体的工程地质剖面及有关的岩土物理力学性质,因此需要较多数量的坑探、槽探及钻探工作和一定数量岩体的物理力学性质试验,并需提供填方路段土石料的变形及强度指标、填土及路堑边坡的允许坡度参考值。

7.7.3 桥梁工程

1. 桥梁工程地质勘察的特点

桥梁工程的特点是通过桥台和桥墩把桥梁上的荷载(包括桥梁本身的重量,通过桥上的车辆、人流的动、静荷载及水流的作用等)传到地基中去。由于一般桥梁所承受的荷载较大,且存在偏心荷载和动荷载作用,还要防止水流的冲刷破坏,所以桥梁的基础一般都是埋置较深的单个墩台基础,而且往往需在水下修建,施工条件比较复杂。

桥梁工程一般建造在深切沟谷及江河之上,这些地区的工程地质条件本身比较复杂,加上桥墩、桥台的基础需要深挖埋设,造成了更复杂的工程地质问题。例如,江河溪沟两岸斜坡上的桥梁墩、台,在开挖基坑时,基坑边坡常会发生滑塌,有时甚至使部分山体被牵动滑移;位于河床及大溪沟中的桥墩,常遇到基坑涌水和基底水流掏空

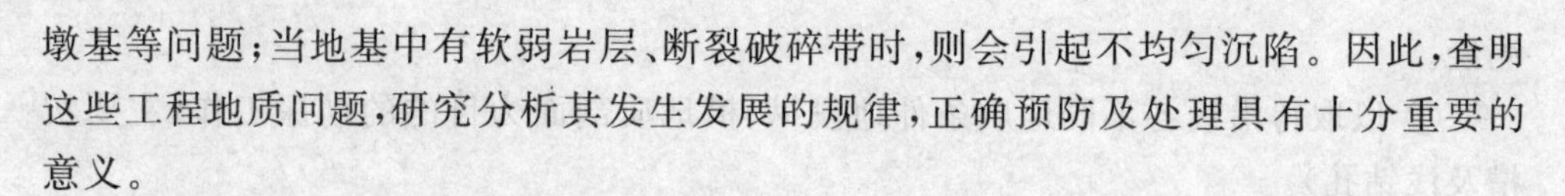

墩基等问题;当地基中有软弱岩层、断裂破碎带时,则会引起不均匀沉陷。因此,查明这些工程地质问题,研究分析其发生发展的规律,正确预防及处理具有十分重要的意义。

2. 桥梁工程地质勘察要点

(1) 初设阶段

此阶段的总目的是查明桥址各路线方案的工程地质条件,为选择最优方案、初步论证基础类型和施工方法提供必要的工程地质资料。具体任务如下:

① 查明河谷的地质及地貌特征,查明覆盖层的性质、结构及厚度,查明基岩的地质构造、岩石性质及埋藏深度。

② 确定桥基范围内的岩石类型,提供岩石的变形及强度性质指标。

③ 阐明桥址区内第四纪沉积物及基岩中含水层状况,包括水位、水头及地下水的侵蚀性;进行抽水试验,以研究岩石的渗透性。

④ 查明地质现象,论述滑坡及岸边冲刷对桥址区岸坡稳定性的影响;查明河床下岩溶发育情况及区域地震基本烈度等问题。

为完成上述任务采用的主要勘察方法如下:

① 工程地质测绘,目的是查明桥址区河谷及两岸的地貌及岩石类型、地层构造等地质条件,并配合钻探对河床下基岩的分层及构造作出判定。

② 主要的勘探工作是钻探,可配合一定数量的物探工作,其主要目的是查明河床覆盖层厚度及基岩的岩性、厚度、风化破碎程度。

③ 在钻孔探坑中取样测定岩石的物理力学性质,进行水文地质试验。

④ 以钻探及物探工作配合查明地基岩体中有无断裂破碎带、软弱夹层、岩溶洞穴等不良工程地质问题。

(2) 施工设计阶段

此阶段的勘察任务是为选定的桥址方案提供桥梁、墩台施工设计所需的工程地质资料,具体任务如下:

① 为最终确定桥墩基础的埋置深度提供地质依据。

② 提供地基附加应力分布层内各岩石的变形及强度指标,提出地基承载力参考值。

③ 查明并分析水文地质条件对桥基稳定性的影响。

④ 查明各种地质作用对桥梁工程的不利影响,提出预防及处理措施和建议。

⑤ 提出在施工过程中可能发生的不良工程地质作用,提出预防及处理措施和建议。

本阶段勘察工作当以钻探工作为主,每个墩台位置至少布置一个钻孔,一般要在基岩面以下 20 m。本阶段同时需要进行大量岩石物理力学性质试验,对基岩岩体则要作野外原位载荷试验、软结构面的抗剪试验及抽水试验等。

7.7.4 地下工程

1. 地下工程地质勘察的特点

地下建筑的特点是全部埋置于地下岩(或土)体之内,因此其安全、经济和正常使用主要取决于周围岩体的稳定性。地下工程的开挖破坏了原岩应力状态,会引起围岩的应力重新分布,使围岩在一定范围内出现松弛,如不及时处理会造成地下工程坍塌,严重时可向上发展直至地表,造成地面塌陷,影响建筑物的安全。常用的防止围岩松弛、脱落的措施是在施工掘进时用木架、钢架或混凝土架作临时支撑(支护),完成掘进后再砌筑永久性的支承结构,称为衬砌。

地下工程围岩作用在支撑及衬砌上的压力统称为山压,主要取决于岩体性质、裂隙构造发育程度、初始应力状态以及水文地质条件。在地下工程掘进中,如遇断裂破碎带、风化破碎带及承压地下水带等不良地质条件,则会造成塌方和涌水;有时在特定的地质条件下还会遇到有害气体和高温,因此在进行地下工程选线及设计施工时,必须全面了解全线的工程地质条件。

2. 地下工程地质勘察的要点

地下工程的地质勘察必须以查明山压和涌水情况为中心,采用各种手段深入勘察建筑地区的岩性、构造、水文地质条件及影响山体稳定的工程地质作用。

(1) 初步设计阶段

初步设计阶段的主要任务是查明各主要方案线路中的工程地质条件,为确定和初步设计最优线路提供必要的地质资料。

初步设计的主要方法是工程地质测绘,查明建筑区域内的岩性、构造、水文地质条件及物理地质现象,以便判定区域内是否存在不良地质条件及其规模,根据测绘成果编制各方案线路的工程地质剖面图。

勘察工作则为核定地质剖面而用,其中钻探必不可少,如果线路太长可多用物探方法。如需测定岩石的物理力学性质,应在洞底标高以上 20 m 范围内采取岩样。如果设计洞底标高以上有含水层,应做抽水试验,以求计算涌水量所需的参数。

(2) 施工设计阶段

施工设计阶段的主要任务是详细查明已选定路线的工程地质条件,为最终确定轴线位置、设计支护及衬砌结构、确定施工方法和施工条件提供所需资料。对初设阶段未完全查明的工程地质条件,应进行补充地质测绘工作。用钻孔进一步确定隧道设计高程的岩石性质及地质结构。在滑坡、断裂破碎带,岩溶及厚覆盖层等地质条件比较复杂的地带,还应布置垂直轴线的横向勘探线,编制横向地质剖面图。在隧道进、出口可布置勘探导洞(可与施工导洞结合起来),以便进一步明确进、出口的工程地质条件。

7.7.5 港口工程

1. 港口工程地质勘察的特点

港口工程的建筑场地一般比较复杂，地形通常具有一定的坡度，一个工程往往跨越两个或两个以上的微地貌单元。地层比较复杂，层位不稳定，常分布有高压缩性软土、混合土、层状构造土和各种基岩及风化带。由于长期受水动力作用的影响，不良地质现象发育，多滑坡、岸边坍塌、冲淤、潜蚀、管涌等。

作用在水工建筑物及基础上的外力频繁、强烈且多变，主要有：由水头差产生的水平推力对建筑物的稳定性不利；水流及所携带的泥砂具有冲刷和掏蚀破坏作用；水的浮托力和渗透压力降低了建筑物和地基的稳定性，还可对建筑物和地基进行侵蚀以及腐蚀作用；波浪力、浮冰撞击力、船舶挤靠力、系缆力以及地震引起的动水压力等都可引起水工建筑物的水平位移和垂直沉降。

水工建筑施工条件复杂，大多数情况下，要采用水下施工方法，常受风浪、流冰等作用的影响。建筑物水下部分常需将预制的物件沉放在地基上，有时还需要采用围堰法施工，工程量大、周期长、受自然条件的影响。

2. 港口工程地质勘察的要点

(1) 选址勘察阶段

选址勘察阶段是港口建设的第一步，主要通过资料收集、现场踏勘、工程地质资料调查及少量的勘探工作，了解候选港址的地形、地貌、地层、构造、地震、潜在灾害地质现象以及水文、气象等场地条件，据此对候选场地的稳定性和建港的适宜性作出评价，对影响港址取舍的不稳定问题应有明确的结论。

(2) 初步勘察阶段

初步勘察阶段是在港址选定以后，确定港区总平面布置，主要为港口建筑物的结构形式、基础类型和施工方法提供工程地质资料。通过工程地质测绘、勘探和室内试验，划分地貌单元的界线，判断其成因类型；初步查明土层性质、分布规律、形成时代、成因类型、风化程度、埋藏条件及露头产状、地下水类型、水位变化和补给条件，以及与工程建设有关的地质构造，潜在灾害地质因素的分布范围、发育程度和可能成因；然后根据勘查结果，分析场地各区段工程地质条件，判断潜在灾害地质因素对工程建设的影响，并推荐适宜的地段和地基持力层。

在初步勘察阶段，必须进行工程地质测绘，测绘的范围视具体情况而定，比例尺一般采用1∶2 000～1∶5 000。勘探工作应充分考虑港址特点、建筑物类型，在已有工程地质资料的基础上来布置。

(3) 详细勘察阶段

详细勘察阶段的主要目的是为建筑物的地基基础设施的施工以及防治潜在灾害的措施提供工程地质资料。要求查明各建筑物地基影响范围内的岩土分布、埋藏情

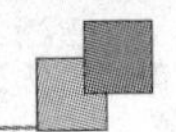

况、物理力学性质、地下水类型、水文地质条件及对施工和运行中建筑物的影响，建筑物附近潜在灾害地质因素的影响范围及其危害程度，并取得对其防治及建筑物稳定性评价等所需的实验数据。

在详细勘察中，要根据工程类型、建筑物的特点、基础类型、荷载情况、岩土性质并结合所需查明问题的特点，在工程类型分区的基础上，分别按不同工程结构和基础形式确定勘察线点的布置、数量和深度。

7.7.6　机场工程

1. 机场工程地质勘察的特点

从形态上分，房屋建筑可视为点勘察，公路、铁路可视为线勘察，而机场则为面勘察。机场详细勘察范围常大于300 m×2 400 m。因此，机场勘察具有以下的特点：

① 系统性强。机场除考虑机场工程条件的适宜性外，还必须考虑机场建设对周边地质环境的影响，考虑气候对飞行的影响，考虑飞行对人的影响，考虑人对气候的适应性，考虑机场供水供电的经济性，考虑场址的位置对地方经济的带动作用。

② 要求高。机场属于国家重点投资建设项目，安全等级一级，勘察等级一级。

③ 勘察范围大。机场工程地质测绘定勘阶段面积10～30 km^2，详勘阶段面积6～15 km^2，钻探范围大于300 m×2 400 m。另外还有航站区、水利水电设施勘察等，实际的勘察面积通常大于100 km^2。

④ 勘察范围难度大。由于飞行区为直面，不可回避河流、淤泥地、深沟、高山等障碍，常缺乏供水供电设施，施工困难。

2. 机场工程地质勘察内容

机场工程地质勘察的主要方法有工程地质测绘、物探、钻探、原位测试、室内试验等。机场的勘察内容主要包括工程测量和工程地质勘察，随机场建设要求的增高不断增加，除传统工程地质外，还包括水文地质、灾害地质、环境地质、天然建筑材料勘察等。

3. 机场工程地质勘察阶段的划分

机场勘察阶段可分为选勘、定勘、详勘和施工勘察四个阶段。选勘的主要任务是为初拟的数个场址提供比选资料。定勘的任务是在设计确定的场地上进行初步勘察，为机场的可行性研究提供资料。详勘是在定勘的基础上，增加勘察方法，加大勘察密度，对场地进行的详细勘察，目的是为了施工图设计提供资料。施工勘察是在施工前或施工过程中进行的勘察，目的是对详勘提出疑问，或对设计提出的需进一步查明的问题进行勘察。施工勘察常常是小范围、局部、短时间的勘察。

思考题

1. 工程地质勘察的任务和目的是什么?
2. 什么叫做工程地质测绘?
3. 简述实地测绘常用的方法。
4. 什么叫做遥感技术?简述遥感技术的原理。
5. 举例说明遥感技术在工程地质中的应用。
6. 工程地质勘探方法有哪些?
7. 钻探的方式有哪些?
8. 地球物理勘察常用的方法有哪些?
9. 地质勘察报告的内容有哪些?
10. 简述土木工程地质勘察的特点和要点,举两例。

参考文献

[1] 石振明,孔宪立. 工程地质学[M]. 北京:中国建筑工业出版社,2013.
[2] 朱建明,等. 工程地质学[M]. 北京:中国建筑工业出版社,2006.
[3] 李中林,等. 工程地质学[M]. 广州:华南理工大学出版社,1999.
[4] 孔宪立. 工程地质学[M]. 北京:中国建筑工业出版社,1997.
[5] 胡厚田. 土木工程地质[M]. 北京:高等教育出版社,2001.
[6] 孙兆义,等. 工程地质基础[M]. 北京:中国铁道出版社,2003.
[7] 臧秀平. 工程地质[M]. 北京:高等教育出版社,2004.
[8] 张忠苗. 工程地质学[M]. 北京:中国建筑工业出版社,2007.
[9] 蔡美峰. 岩石力学与工程[M]. 北京:科学出版社,2002.
[10] 王思敬,等. 地下工程岩体稳定性分析[M]. 北京:科学出版社,1984.
[11] 李斌. 公路工程地质[M]. 北京:人民交通出版社,1999.
[12] 张咸恭,王思敬,张倬元. 中国工程地质学[M]. 北京:科学出版社,2000.
[13] 罗国煜,李生林. 工程地质学基础[M]. 南京:南京大学出版社,1990.
[14] 戚筱俊,等. 工程地质及水文地质[M]. 北京:水利水电出版社,1985.
[15] 陈希哲. 土力学地基基础[M]. 北京:中国建筑工业出版社,1998.
[16] 李智毅,等. 工程地质学概论[M]. 武汉:中国地质大学出版社,1997.
[17] 刘传正. 环境工程地质学导论[M]. 北京:地质出版社,1995.
[18] 郑黎明,杨立中. 铁路环境地质与地质灾害[M]. 成都:成都科技大学出版社,1994.
[19] 工程地质手册编委会. 工程地质手册[M]. 北京:中国建筑工业出版社,2007.
[20] 岩土工程师实务手册编写组. 岩土工程师实务手册[M]. 北京:机械工业出版社,2006.
[21] 中华人民共和国建设部,中华人民共和国国家质量监督检验检疫总局. 岩土工程勘察规范:GB 50021—2001[S]. 北京:中国建筑工业出版社,2009.

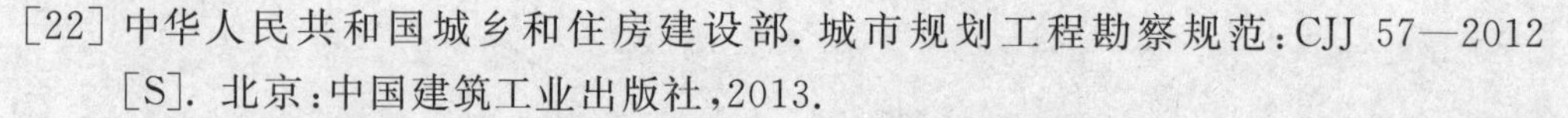

[22] 中华人民共和国城乡和住房建设部. 城市规划工程勘察规范:CJJ 57—2012[S]. 北京:中国建筑工业出版社,2013.
[23] 中华人民共和国交通运输部. 公路工程地质勘察规范:JTJ C20—2011[S]. 北京:人民交通出版社,2011.
[24] 中华人民共和国建设部,中华人民共和国国家质量监督检验检疫总局. 建筑地基基础设计规范:GB 5007—2011[S]. 北京:中国建筑工业出版社,2012.
[25] 中华人民共和国建设部,中华人民共和国国家质量监督检验检疫总局. 建筑抗震设计规范:GB 50011—2010[S]. 北京:中国建筑工业出版社,2010.
[26] 中华人民共和国建设部,中华人民共和国国家质量监督检验检疫总局. 湿陷性黄土地区建筑规范:GB 50025—2004[S]. 北京:中国计划出版社,2004.
[27] 中华人民共和国建设部. 软土地区工程地质勘察建筑规范:JGJ83—91[S]. 北京:中国建筑工业出版社,1992.